献给敢于直面自我和拒绝将就的你

在爱中成长

宋涵

只有时间不会撒谎

宋涵 著

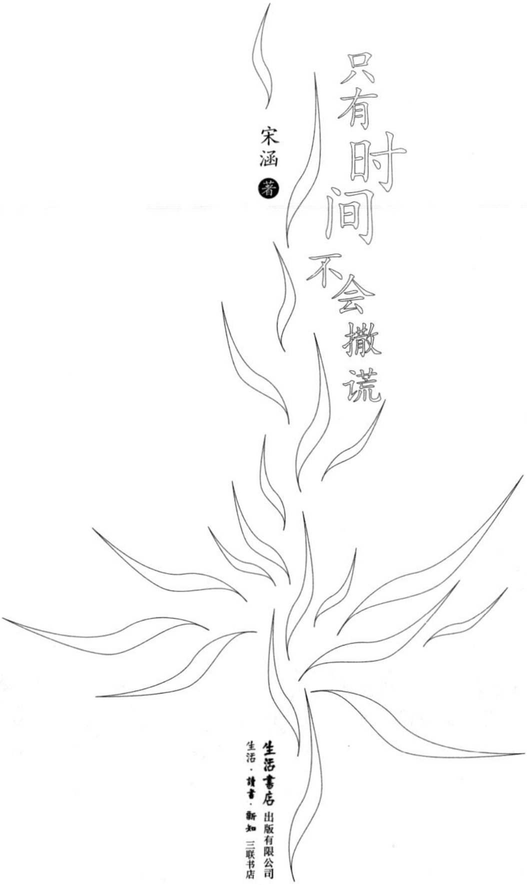

生活书店出版有限公司
生活·读书·新知三联书店

图书在版编目（CIP）数据

只有时间不会撒谎 / 宋涵著 . -- 北京 : 生活书店出版有限公司, 2019.11
ISBN 978-7-80768-311-7

Ⅰ . ①只… Ⅱ . ①宋… Ⅲ . ①人生哲学-通俗读物
Ⅳ . ① B821-49

中国版本图书馆CIP数据核字(2019)第182156号

策　　划　李　娟
责任编辑　乔姝媛
装帧设计　高　瓦
封面刺绣　高　瓦
责任印制　常宁强
出版发行　**生活書店出版有限公司**
（北京市东城区美术馆东街22号）
邮　　编　100010
经　　销　新华书店
印　　刷　万卷书坊印刷（天津）有限公司
版　　次　2019年11月北京第1版
2019年11月北京第1次印刷
开　　本　787毫米 × 1092毫米　1/32　印张9
字　　数　152千字
印　　数　0,001-8,000册
定　　价　48.00元
（印装查询：010-64052612；邮购查询：010-84010542）

当全世界的钟表都坏了，
你要重新看太阳。

初版序

这里的文章，除了四分之一从未发表过，大部分是给财新网、无时尚中文网和网易女人写的专栏。感谢这些媒体给我的信任，让我可以摆脱命题作文，兴之所至，自由发挥。

因为这份可贵的自由，当我在整理书稿时，我发现它们并没有一个核心的主题，而是跨度如此之大：从“女性”的个体身份，到与他人的情感联结，再到与这个世界的关系。这一切并非因为我野心太大，而是我作为一个具体的人，在日常生活中无法回避这几个重大的课题。

我必须要追问和表达。这本小书是我直面自我和生活的结果，我不能假装忽略生活抛给我的问题。其中有一些文章，曾在微信和微博上流传甚广，仔细回想一下它们的写作初衷，也是源自我想要发现这个时代与“我”的关系。我并不是一个喜欢热闹的人，甚至想与时代保持一份疏离，但来自他人的共鸣让我知道，这一份诚实的思考确实有另外的价值。

从某种意义上来说，写作解救了我，将我从一段时期的抑郁和恐惧中解救出来，让我发现内心的力量和勇气，也让我相信真诚交流的意义。所有的文章在时间跨度上只有一年多，但在其中，我看到了自己的心境和认知变化的痕迹。

在一篇文章里我提到了一个很喜欢的隐喻："全世界的钟表都坏了，你要重新看太阳。"它暗含了我的尝试与探索：让常见的标准消失，重新倚仗自己的观察与思考，去走一段全新的路，去得出结论；或者，得不出结论，留下开放的疑问。

许多个白天和夜晚，当我对着雪白的文档独自敲字时，我能看到"时间"与我静静对峙的样子：像只若即若离的大猫，那样具体又与我平等。在清脆的键盘声中，我还能听见那一颗颗文字轻轻掉入水里的声音——"时间"又像一条大河，围绕着我，然后不停地离我远去。

我不知道这些文字会流向何方，会遇到谁。此时此刻，请容我对阅读这本书的你说一句：很高兴能与你相遇。

2014年6月

再版序

赫拉克利特是我很喜欢的古希腊哲学家，他说过一句话："人不可能两次踏入同一条河流。"

《只有时间不会撒谎》是我出版的第一本书，那年我28岁。我再也没有第二个28岁了。也许现在的我比那时更包容、更圆熟，但我也不再有那时的疑惑与锋锐，我也写不出当时的心境。每个人的生命之河，在不同的时间段，都有它独有的路径与风景；每一刻的我们，都是无法复制的孤品。河流奔腾，逝者如斯，不舍昼夜，昨日之"我"与今日之"我"不同，却也是相连相续、难分彼此的。

借《只有时间不会撒谎》再版之际，向我的读者们表达我的感谢：文字的生命力在于还有人阅读它们，还有人被它们唤起情感和思考。

愿我们都没有辜负时间的偷窃与馈赠。

2019年10月

目录

第 1 辑

女人，认识你自己

第2辑 当我们谈爱时

第3辑 无关风月

第 1 辑

女人，认识你自己

不穿胸罩可以吗?

上周三，我匆匆忙忙出门，搭上地铁，穿过一个大广场，步入电梯，走进格子间，然后坐到我上班的办公桌前。这时，我才发现一件恐怖的事：我忘记穿胸罩了。

我一下子窘迫起来，想起下午还有一个饭局，于是马上去商场买了件胸罩，戴好后，昂首挺胸地走出来。

后来，我觉得这事不太对劲：为什么一次不穿胸罩就让我失去了自然和自信？从13岁开始穿少女胸罩，我是不是要一直穿到93岁？在那一瞬间，我才意识到，我竟然从来没敢想过不穿胸罩出门的可能性。

以前有男性朋友问我：女人穿胸罩挺舒服的吧？我很诧异他们的单纯，怎么可能呢？事实是：再昂贵再舒服的胸罩，也不如不穿来得舒服。我在自己的人际圈里随机询问了20位女人，80%的女人一回到家就会脱掉胸罩，还有10%是忘记脱了，剩下10%就真的是胸罩爱好者了——她们可能正穿着特别的塑身内衣，甚至睡觉都穿着，因为这样能把脂肪挤到该去的地方。

我属于那80%的女人。如果不出门，我可以一直在家"真空"。对我而言，胸罩好像就是一种社交必备品，它的目的就是让我显得正常。相信我，对很多女人来说，胸罩的最大功能就是让她们的乳房看起来比真实的更丰满、更挺拔、更圆润。有人告诉我，因为体形偏胖，每天晚上解下胸罩，身上还有一个完整的胸罩印痕，那是钢圈和带子勒出来的。还有人说，冬天常常会偷偷不穿胸罩，因为反正也看不出来。

现有的医学研究倾向于相信，每天过长时间佩戴胸罩的女性比不戴胸罩的女性更容易患上乳腺癌。"No-bra Day"（无胸罩日）是2011年7月9日由一个毫不出名的美国女人在网上发起的，两年里已有数百万女性在脸书上响应。她的初衷就是让女人对乳腺癌提高警惕，没有任何政治意味，也没有任何女权意味。要知道，美国年轻女人的妈妈们和外婆们在20世纪70年代就经历过"焚烧胸罩"运动了——那时是女权主义运动的活跃期，她们把胸罩看作男性物化女性身体的一个象征。有了这样的基础，现在的她们对胸罩抱着更平和、更理性的态度。如今，普通西方女人抛弃胸罩的诉求只有两点：舒服、健康。

我认为这两点理由足以大过一切戴胸罩的理由的总和，如果这个女人特别在乎这两点的话。

在一个“brafree”（www.brafree.org）网站上，一位医生说：“我从来没见一家内衣厂商引证过胸罩对健康的好处；我查遍了所有医学文献，也没有找到任何胸罩有益身体健康的结论。”胸罩最大的卖点是，支撑乳房不下垂，但也并没有得到真正科学上的支持；相反，倒是有一个法国研究者用十五年跟踪了300名女性，结果发现无论穿不穿胸罩，乳房的下垂程度都是一样的。

即使我清楚自己讨厌穿胸罩，我仍然不敢不穿胸罩出门，因为真空上阵的我会面临一种严重的惩罚：成为一个异类，遭遇不友好、鄙夷甚至猥琐的目光。女人的胸罩已经成为我们社会习俗的一部分，作为一个女人，你如果不把乳头包住，就是下流的、不庄重的、带有“荡妇”危险的。所以，哪怕牺牲确切的舒服和不那么确切的健康，我们也要把胸罩牢牢地固定在身上。

国外女人搞的topless（赤裸上身）运动，愿望很宏大，她们希望，只要是男人能袒胸露背的地方，女人也可以。相比起来，我的愿望就“谦逊”多了，我只希望，假以时日，不穿胸罩出门也不用承担让我害怕的惩罚。就像高跟鞋一样，喜欢穿的继续穿，不穿也不会成为禁忌。

尽管我现在还是个胆小鬼，但我仍然乐观，不穿胸罩的女人在未来一定会越来越多。为什么？因为我还是怀着一种天真的信仰：社会进化的趋势总会给人更多的选择。

爸爸们的女性主义萌芽

丹麦一所大学公布了一项跟踪研究：男老板在有了女儿以后，会改变他们对待女性员工的态度，更容易给女员工加薪。

看到这个研究，我是相信的，同时想起了我的爸爸。有一天，酒过三巡，他和另一个大叔在饭桌上争论起来：女人是否要努力拥有自己的独立事业。

有两个儿子的大叔说："外面的世界，是男人的世界，女人的职责就是收拾家、带孩子。像我老婆，现在每天带孙子，不知道有多充实。"老爸不同意："如果我生的是儿子，我也会说，女人嘛，好好照顾家庭就行了；但有了女儿，我一定要说，女人必须得实现经济独立，这是一切话语权和幸福的基础。"

我在旁边偷偷听着，心想：光听最后那句话，我老爸也是个不折不扣的女性主义者呢。其实我知道，不至于上升到这样的高度，我的爸爸就是一个普通的男人。一个普通的男人，在一个男权社会里，见到的女人都是围绕老公和孩子而活，那么他极有可能会像那个大叔一样，认为女人依附于男人生存，是和“太阳每天从东方升起”一样不需讨论的真理。直到有一天，一件事情发生了，让那个坚如磐石的“真理”裂开了一道缝——他有了一个女儿。

他有了一个女儿，那是一个小小的有趣的生命，会哭会笑，会乖也会捣蛋，会好奇，会问很多问题，写作文时也会一本正经地描述“我的梦想”。她和一个小男孩并没有什么区别啊。随着她渐渐长大，他开始有点恐慌：这个小精灵，将来真的会成为另一个男人所期盼和要求的贤妻良母吗？

他的恐慌不是庸人自扰，因为他太了解男人了，他自己就是这样的男人。一个男人，可能会理直气壮地要求妻子牺牲自我、成为他背后的女人，却很难容忍心爱的女儿被人如此对待。假爱与真爱，一目了然。

在女儿面前，他第一次发现“贤妻良母”这个角色不太对劲。以前，他是多么理所当然地认为，女人的一切使命就是成为男人所希望的那种女人啊，否则，她还有存在的必要吗？可现在，不对了。他看着她长大，她的存在本身就是个奇迹，她明显并不需要依靠男人才能体现价值，更不需要听从男人那些愚蠢的指令。

王朔曾为女儿写道：“你还是婴儿的时候，只要一笑，就像太阳出来，屋里也为之一亮。”在爸爸眼里，女儿是没有性别的，他只看到一个美妙的生命——而这，正是女性主义的真谛：每个人，首先是一个独立自主的生命，其次，他/她才是男人或女人，这个先后次序不能颠倒。在这个基础上，几乎所有“因为你是女人，所以你必须……且不能……”的行为准则，都是经不起推敲的。

在微博上，不少大V会时不时转发他们女儿的微博与照片，疼爱、欣赏之情溢满网页。在这些照片里，是女儿让他们骄傲的时刻：拿到了知名学府的毕业证书，穿着优雅的小礼服参加朋友的party，因特殊才华或事业成就而获得某个嘉奖……然而，没有一个爸爸会以女儿给她的丈夫做了一顿丰盛无比的晚餐而骄傲。不是说服侍老公有什么不对和不好，而是对于参与了生命成长的爸爸们来说，他们怀着朴素的愿望：这个生命若能发挥她最大的潜能，能自由而美好地活着，胜过一切。

一个父亲在TED演讲里反省自己的教育方式。他发现，他对儿子和女儿的要求完全不一样，他不允许儿子哭泣，希望他阳刚冷酷，像个“做大事”的人；对女儿却是随时容忍她的撒娇。他一直不觉得有什么问题，直到有一天，他问他儿子和其他几个男孩：“如果你们被人说像个姑娘一样，你们会怎么想？”男孩们都回答：“会觉得特别羞耻，还不如不活了。”他大吃一惊，质问自己：“如果一个男孩认为像女孩那样活着是羞耻，那么我该如何面对和教育我的女儿？”

这位父亲意识到了，假如所有的儿子都是那个“做大事”的人，那么他的女儿将会终生被囚禁在琐碎的小事里，还被男人瞧不起。他应当允许儿子柔软，正如应当鼓励女儿坚强。“他”和“她”应该互相欣赏与帮助，共同承担所有的大事与小事。

每一个女孩的诞生，都给了一个男人重新审视性别平等的机会。我的爸爸是一个普通的男人，也曾经非常大男子主义，但在有了我之后，他知道他无法庇护我一生，于是希望我能有一技之长，能独立思考，不信那些性别偏见的邪。如果他是一个企业老板，看到那些女员工以自己的劳力与智慧换取在这个世界上生存的筹码，大概也会像文章开头那个研究结果显示的，愿意给她们更公平的薪酬，而不是对她们说：女人搞好家庭就可以了。毕竟他也希望，这个社会能以更公平的方式对待我——他的女儿。

这就是爸爸们的女性主义萌芽：从爱一个女儿开始，从希望她更少受到性别的偏见和束缚开始，从祝福她可以做自己想做的事、走自己想走的路开始。

速朽的只是伪青春

赵薇导演的《致我们终将逝去的青春》是一部写实的片子。大多数80后、90后，说起青春来，也就大学那几年的青春正宗一点。大学之前，十二年教育只为了一个目的：高考。不能心有旁骛，不能谈恋爱，明明看到喜欢的男生/女生时心里小鹿乱撞，也要硬生生地把情愫压下去，转移到厚厚的高考真题卷子里；老师整齐划一地说“青涩的果子是不能吃的”，多年来，连修辞也不改一下。

大学过后，不，准确地说应该是从大四那年开始，残酷的就业压力如山雨欲来风满楼，大家再也无心在宿舍里煮个方便面、谈场无结果的恋爱、在草地上拨拉吉他、读点儿柏拉图的哲学了。我们的国情是，房子很快成为大学生毕业后的主题。微博上流传的一段话并不假:“中国的高房价毁灭了年轻人的爱情，也毁灭了年轻人的想象力。他们本可以吟诵诗歌、结伴旅行、开读书会。现在，**年轻人大学一毕业就成为‘中年人’**，不得不为了房子精打细算。他们的生活，从一开始就是物质的、世故的，而不能体验一段浪漫的人生，一种面向心灵的生活方式。”

如果青春指的是一段生理年龄上的时光，那每个人都有；但如果青春指的是一种朝气蓬勃、勇于尝试、有好奇心和新鲜感、敢于反叛的心态，我想我们很多人未必真的拥有青春。事实上，我们很多人的生活轨迹是“未大先衰”“未老先衰”。为了高考，我们可以压抑爱好、全盘接受标准答案;

为了赚更多钱，我们可以成为自己最痛恨的人。而这些，都很有可能是我们在15～25岁时做的事——在我们拥有最年轻的身体的时候。

青年节是我们国家的法定节日。中国共青团对青年的年龄界定是14～28岁，而世界卫生组织将青年的年龄界定延至44岁。从世界人均寿命走向80岁的趋势来看，世界卫生组织的定义无疑是更为合理的。

整体观察起来，中国人对年龄，特别是女性年龄的看法，还具有一种动物性的狭隘，仿佛还停留在过了30岁就要挂掉的原始人时代。我们在年龄上的相互胁迫和自我胁迫简直就是一种“集体犯罪”。

最可怕的是全社会对女人的胁迫。中国男人择偶，看女人第一就是要年轻。有人发现美国人娶的中国太太多数不漂亮而且年纪偏大——40岁的中国女人在国内根本不受待见，但出了国，境遇就完全不一样。在中国征婚网站上，男人几乎一律要25岁以下的女人，而西方男人对于年纪基本不设限。西方男人并不是不知道20岁的女孩更能促进荷尔蒙的分泌，但他们对女人的欣赏超越了完全动物性的原始冲动；比起年龄来，他们更想知道一个女人爱玩什么运动，爱听什么音乐，爱读什么书籍，有过哪些生活经历，是否和自己有共同语言。

在社会观念上，连中国妇联都将28岁定义为“剩女”的门槛，可见女人们生活在多么危险的环境里。“女人三十豆腐渣”的恐吓无处不在，导致女人在年龄上强烈不自信。相比之下，法国女人的青春可以绵延到五六十岁，在我们这儿是老祖母级别的人，在法国仍然可以穿得优雅美丽，谈一场浪漫的恋爱，享受男人的欣赏和赞美。

另一种非常显而易见的是长辈对年轻人的胁迫。中国的长辈大多也是一群未老先衰的人，个人生活严重匮乏，自己一辈子没啥指望，就全指望子女；对老去的恐慌更加剧了他们对年轻人的控制。典型的中国爹妈就是，在孩子20岁前千叮咛万嘱咐别谈恋爱，一到了大学毕业就开始安排各种相亲，各种唠叨：“年纪不小了啊，要抓紧了啊。”“你再不结婚生孩子，我就要犯病了啊。”“隔壁的小王，都当爸爸啦。”我们这儿有一大群大爷大妈，年纪大了没事做，就等着抱孙子来充实晚年生活，要是孩子一说“不急，还早着呢”，他们就开始追溯他们的年轻时代：“还早啊？想当初我在你这个年纪，早就是几个孩子的爹/妈了呀。”他们火急火燎地提醒着你：你已经老了，哪怕你才刚毕业两年。

还有一些特别喜欢自我摧残的。穿梭在80后、90后里，你会听到大量的抱怨：“我老了。”“我已经是个资深剩女了。”“再不嫁人就没人要了。”“00后都要出来混了呀，岁月不饶人哪。”我的感觉是，这群人从来就没有年轻过，接着又迅速地老去了。

我并不赞同《致我们终将逝去的青春》里的青春观。电影里，郑薇对死去的阮莞说：“莞莞，只有你的青春是永不腐朽的。”如果青春就只是一段非常短的年龄区间，那我们所有人的青春都终将逝去。相比之下，几年前的《老男孩》对青春的致敬更有诚意。青春是热情，是好奇，是勇敢，是尝试，是不信邪，是在我们体内跳动的一颗小火苗，随时有窒息死亡的可能，它需要我们的呵护，也可能一直燃到70岁。没错，滚石乐队的老头子在70岁时还在舞台上玩摇滚，还唱着“我无法得到满足，我就是要不停去试、去试、去试”——这应该是对“青春”更纯正的诠释。

随着身体的新陈代谢而速朽的，只是伪青春，就和一盆塑料花没什么两样；真的青春，是不朽的。与其缅怀它，不如保护它，让它可以在你身上存活得更久。

No condom, No sex

我在看韩剧和美剧——《我叫金三顺》《老友记》的时候，都看到了一个相同的小情节：男女主人公在做爱之前，必定会准备避孕套；没有避孕套，他们宁愿憋着不做爱。

这个务实又漂亮的细节，在国产剧里几乎是看不到的（如果有，请提醒我）。大概是不能被审核通过，大概是他们觉得充满各种性暗示的镜头都不会带坏孩子，但避孕套一定会带坏孩子。而这个细节之所以漂亮就在于，它展现了对性的基本态度：双方都能得到乐趣，而不将另一方陷于伤害之中。这基本上也是对爱情的正确态度。

性爱，对于成年男女双方都是一件快乐的事情，但每一次这样的快乐，都伴随着后续的潜在危险，并且是由女性一方独自承担：意外怀孕。所以，避孕套的发明，才成为“创世纪”以来最伟大的发明之一。尽管它让男人感觉“不那么‘苏湖’”，但女人啊，如果你明白避孕套的出现对每一个女人意味着什么，就不会对男人偶尔抱怨的“不‘苏湖’”那么在意了。

上天将物种延续的使命交予雌性生物，也给她们带来深重的奴役和负担——我们从小习惯的各种“神圣的母爱”“伟大的母亲”之类的描述，也无法掩饰这个“奴役和负担”的事实。举个简单的例子，不少人都养过猫，优雅又活泼的小猫咪多可爱啊，不过，如果是只小母猫，它在6个月大的时候就会开始受性欲驱使，疯狂地发情求欢。性冲动是大自然设置在每个物种（包括人）体内的定时闹钟，到了固定的季节一定会展现出它无法违抗的强大力量。有些主人舍不得让小母猫做节育手术，结果就是：母猫每年怀孕4次，每次生育4～6胎；而它自己仿佛无法打破这个循环，不断地发情—怀孕—产子—发情—怀孕—产子。这时候主人才会发觉：我让它受了多大的苦啊！

人类也曾是这样的，一个有性生活的正常女性，如果没有采取避孕措施，一辈子会有数次到数十次怀孕的机会。她们也会想办法来阻止怀孕，不过在现代避孕套发明之前，避孕方法都很不方便，副作用也大。当然，在相当长的时间里，男人也从未想过要女人少生点孩子——只要勉强养得起，关他们什么事呢？

无论“母亲”这个角色多么可爱，被迫不断地成为母亲，对女人的影响都是深刻而绵长的。显而易见，每一次怀孕和哺乳都会让女人行动不便，每次持续六至十五个月不等；如果再加上哺乳期过后对多个孩子的照顾、幼儿教育以及各种家务劳动，那么几千年累积下来的结果是：第一，女人不得不依赖男人以求生存；第二，女人能用于创造性事务的时间微乎其微，哪怕她们其中有些人渴望像男人那样去学习、研究火星、创建公司、写诗歌和小说，但，没有时间就意味着没有一切。

对此，男人通常是持双重标准的。作为丈夫，他们或许会温柔地对妻子说：“生儿育女，照顾我们的孩子，你做的是比我更有创造力的工作啊！”但是作为“男人”的代表，他们会认真地得出结论：“几千年了，女人在各领域的成果都如此之小，不正说明女人智力和能力的整体低下吗？不正说明女人最合适的社会分工就是在家生孩子和带孩子吗？”

大约在一百年前，女人都还没有节育权，使用避孕套被认为是违背伦理和法律的，不以生育为目的的性爱简直就是耍流氓。1916年，有一个勇敢的女人公开向美国女性宣传避孕的知识，介绍子宫帽等避孕用品的使用方法，结果被指控入狱。后来，节育权仍是20世纪女权运动的核心诉求之一：因为越来越多的人意识到，女人能够成为“她自己”，必要条件就是，“母亲”这个身份对她而言是个人选择，而不是必须承担的生理义务。明白这些，在看偶像剧时，就会明白那“No condom，No sex”（不戴套，不做爱）的场景是多么有爱：世界变化从未如此之快（但也多亏有那些人的勇气和坚持），如今的男人和女人都有共识，不再让女人承受性爱的负担。避孕套将女人从某个弱势的生物属性中解救出来，让她们可以选择，可以为自己争取时间和自由，可以少受一些身体的伤害。

只有天真愚蠢的社会和父母才会把性教育和爱情教育分割开来。所以，对我国广大处于青春期的女孩子来说，最好的爱情教育可能是来自一部偶像剧的小细节：不戴套，不做爱。毕竟，能对自己的身体做主，能坚定地要求男友戴上避孕套，优先于一切爱情心灵鸡汤。

婚纱的诱惑

以世俗的标准来看，我并不是一个女性化的女人。比如我不会化妆，不爱逛街买衣服，还时不时在网上写些女权主义的文章。但是一件小事就暴露了我深深的女性化特质，把我和千千万万女性绑在了同一条船上，女权主义的标签在我身上彻底融化，那就是——对婚纱的梦幻般的期待。

女人对婚纱那种无理性的狂热，真的很奇怪，就像不带脑袋似的。只要看到婚纱，她们就会两眼放光，柔软的背景音乐响起，空气里飞满了闪亮的小星星。《老友记》里的莫妮卡说，她5岁就开始将枕套放在头后面，假装是婚纱的头纱，这种不可理喻的虔诚简直“令人发指”。可是，正像她说的，这就是女生们所做的。

作为一个在中国土生土长的80后，婚纱这一西方舶来品如此深入我心，不是一件偶然的事。我身边的姐妹们，几乎都是穿着白色的婚纱，挽着一个男人，步入了婚姻的围城。

慢着，我要好好想想，婚纱情结是如何在我的身体里生根发芽，最后长得枝繁叶茂，奠定了无可撼动的地位的。

首先，我想，我小时候听到的故事已不只局限于“月亮粑粑”这样的国产童谣了，我知道了白雪公主，知道了坐南瓜车的灰姑娘，在童话画册里，她们头戴白纱，穿着华丽拖地的婚纱，从此和王子过上了幸福的生活。这美得一塌糊涂的结局，一定刻在了我的脑子里，风吹雨打不褪色。

然后，作为一个由电视陪伴长大的孩子，我就像植物大战僵尸里的小僵尸，被连续不断的电视节目或电视剧一一击中。这些子弹都在给我传递一个信息：现在的女人都是穿着婚纱结婚的；凤冠霞帔抬轿子，那只有在清宫剧里才看得到。

再后来，上了大学，和互联网亲密接触之后，在电驴上下载了数不清的美剧、韩剧和西方电影。在这些片子中，所有女主角最美的时候，就是穿上婚纱的那一刻，在特写镜头下，对着一个穿婚纱的女人，全世界都像屏住了呼吸。

女人不用看《世界是平的》这本阐述全球化的著作就知

道，世界是平的，因为无论各自的传统文化如何，全世界所有的女人都爱上了婚纱。婚纱的特点是：白色，纯洁，超凡脱俗。简单地说，就是你不可能在日常生活中穿成这样。婚纱是一种仪式，是一种象征，代表着最不平凡的时刻。

在女人接触婚纱的所有场合里，随着婚纱附赠的，一定是一个深情款款的好男人。当然，紧接着一个好男人的，是一段“唯有死亡才能将彼此分开”的幸福婚姻——这才是婚纱最大的魔力。当一个单身女人紧盯着橱窗里的婚纱出神时，她看到的是一段系着超大蝴蝶结的婚姻，是一个执子之手、与子偕老的男人，是从此“免我惊，免我苦，免我四下流离，免我无枝可依”的愿景。

如果说这世界上有什么物品能使一个人鬼迷心窍，心甘情愿赋予其最不切实际的光环，那就是女人的婚纱了。无论一个女人号称自己多么独立，只要她还抱着痴迷的侥幸，期待一件婚纱、一段婚姻、一个男人才能给她带来最美好的生活，仍然认为穿上婚纱就是躲避人间疾苦的万能解药，那么，她还是依赖成性的。

这种依赖如此隐蔽，却又如此深刻，像一根埋入血管里的刺，以至于每一个女人都要花很长的时间才能把它拔出来，或者终身受它咒念。

有人会说："不，我不是依赖男人，我只是向往爱情。"这是一个很巧妙的转换——女人最擅长把依赖与惰性转换成爱情，不是吗？你有看到男人对婚礼如此痴迷吗？一个小男孩会从5岁就开始练习穿结婚礼服吗？莫妮卡说得准确："男人只花一个月准备婚礼，而我们，已经准备了二十多年。"

婚纱与婚姻，是一个女人从5岁就知道的"挪亚方舟"。这像极了现在许多女孩挂在嘴边的一句话："大不了找个男人嫁了。"遇到任何难题，仿佛我们都还有一个保底选项：大不了找个男人嫁了。是谁和是什么在不断鼓励全世界的少女做这样的梦：大不了，还有一个男人会为你穿上婚纱，给你想要的生活。

当然，有时候我也会想，我那么喜欢婚纱，也许仅仅就是因为它们太好看了。是啊，穿上它们，感觉它们真的有化腐朽为神奇的力量。或许，就是一种纯粹的审美心理，把它们推到了女人的心尖上呢？就像芭蕾舞裙一样，婚纱本身自有其美丽的魔力。

女人会不会仅仅是为了穿上这样一件美丽的衣服，就想要迫不及待地嫁给某个人呢？这并不夸张，从大众传媒对我们的影响来看，当我们想起结婚，瞬间进入脑海的并不是两人如何分配家务，谁来负责修坏掉的煤气罐，谁来哄好半夜哭醒的孩子，而是一场由花束、婚纱、气球、蛋糕组成的婚礼。海上的水手都听过一个传说：在平静的夜里，海面上一群美人鱼会用最美妙的歌声蛊惑你，让你迷失方向。美丽的婚纱就像美丽的美人鱼一样，有着扰乱心智的作用，让人驶向危险的区域。

要打破女人对婚纱的迷信，应当允许她们在任何场合都可以穿。一件漂亮的衣服，不应该由一个男人来决定你是否能穿它。

梅艳芳在40岁的时候，作为一个单身女人，身着一袭简单又隆重的婚纱出现在几万人的演唱会上。有人看到了心酸，而我却看到了勇气。若真的贪恋婚纱的美妙，为什么不自己成全自己？婚纱的美，不一定要身边那个男人才能衬托出来，而在于它裹住的那个女人，是否有绝代风华。人生多少都会有残缺，若这时候还拘泥于世俗成见，将永无圆满的时刻。

梅艳芳渴望结婚，却一直没有结婚。她并不掩饰身为一个女人的内心："女孩的梦想和男孩的不同，女孩的梦想就是有属于自己的家庭，有爱自己的丈夫。"即使如她那般"大姐大"，也深藏着一个小女孩的梦想，也深藏着对男人和婚姻的迷信。

不会做梦的人不可爱，不会迷信的人多少有点煞风景。我想为婚纱祛魅，保留它原有的美丽，剥掉它被过分附加的幻想；但我又怎能剥夺一个人对爱情的迷信？

如果将来我有女儿，我或许会买件婚纱给她当家居服穿。我会试着让她知道：好的伴侣确实是上天送给一个人的好礼物，但还有很多的好东西，并不是非要通过婚姻才能得到。

比如，一件像云雾般轻盈的白纱裙。

中国男人的爱与怕

中国人民大学发布的《官员形象危机2012报告》称：在被查处的贪官中，95%都有情妇。对这个数据，网友们仿佛还不太满意，他们说："敢情那另外5%是女贪官啊。"中国官员的"形象危机"可见一斑。

官员有情妇，对中国网民来说，从来不是新闻，大家只是凑在一起，像谈论街坊邻里的八卦一样过过嘴瘾罢了。在中国社会的现状下，大多数男人更是心照不宣：一个拥有了权力的成功男人，怎么可能没有情妇呢？反过来，如果不能随心所欲地拥有几个情妇，成功又有什么动力和意义呢？

我对此更是不惊讶，是啊，一个将"爱"让位于"狼性文化"的社会，这一切都是如此自然。石康曾说："中国男人因为价值观与全世界都不一样，所以好像倒有股子真实劲儿，当官嘛，贪得越多越牛，残忍就是英雄……我忍不住惊叹，这么任性而无同情心的生活状态，需要得到中国女人多少明里暗里的支持才能真正做到啊！”他作为男人的代表，将男人的贪婪与堕落归结于女人的势利，这多少有点怯懦，就像亚当把偷吃禁果的罪都归于夏娃一样。可女人并非完全清白，只因我们都是喝着“狼奶”长大的，不分男女。在中国，因为男女社会地位的不平等，男人中的“狼毒”更深，因而成为“狼文化”的主要实践者。

我看到的中国男人，内心鲜有爱，却有着无穷无尽的怕：怕没钱，怕买不起房子，怕还房贷，怕失业，怕升迁无望，怕父母生病，怕被女人嘲笑，怕被男人鄙夷，怕被孤立，怕人到中年一事无成，怕春节回家不能衣锦还乡……爱对于他们是奢侈品，他们甚至不敢去爱。因为他们被教育：“你没钱谁愿意爱你？等你有钱了，想要什么样的女人都会送上门。”他们如此自卑和恐惧，以至于丧失了幽默和浪漫，结婚的对象无非是要贤良持家照顾老人。如果对每一个结婚的中国男人问一句：“你对你的妻子有精神依恋吗？”一半以上的男人大概要茫然。

他们没有业余爱好，没时间也没钱旅游，只是一架工作机器，还是一架不能停的工作机器，因为一旦停下来就意味着让所有人失望，就失去了在这个社会上存活的价值。是啊，很少有人在乎他们想要什么，大多数身边人对他们的要求不过是养家糊口和光耀门楣。年少的梦想？那就像第一次梦遗的记忆那样遥远。也许他们看《老男孩》时会有一丝触动，但很快就告诉自己：这个世界是残酷的，只有成功了才能做一切你想做的事。他们对“丛林法则”彻底缴械投降：世故与圆滑才是一个成熟男人的标准。他们把“真实的自我”包裹在一圈又一圈的法则之下，终于有一天，那个“真实的自我”彻底窒息而亡，彻底被他们遗忘。

他们被一个巨大的幻想鼓舞着：更多的权力，更多的钱。他们的一生，从来没为自己做主过，他们把这种无力感归结于自己的力量太小；那么，终有一天他一定要成功，要成为人上人，要为这些年所丢失的做补偿。是啊，当他初尝到权力的甜头时，那种终于能为自己做主的快感压倒了一切。那曾经被他牺牲了的爱情（是他自己选择牺牲了爱情，可功成名就之后，他会觉得自己是受害者），终于以泛滥的情欲进行填补。他分不清那些女人是爱他还是爱他的地位，可他也懒得去分清楚了，既然他已经得到了大多数男人所觊觎的，那么他将利用他的权力，无所不用其极。同时，在他的余生中，他都要做两类事来显示自己的重要性和强大的力量：剥夺他人的权力，紧紧抓住自己的权力。

我描述了一类典型的中国男人。选择官场作为自己职业生涯的男人，相对其他职业来说，本身就更具有野心和贪欲。但那些并未进入官场的男人，并非就不羡慕别人，而是希望自己有朝一日也能如此。狼的特点就是无止境地攫取，不择手段。它们凶残，正因为它们有无尽的害怕；它们从未得到过安宁与爱，也不相信爱——爱如此柔软，是狼族里的死穴。如果我们的社会只愿意歌颂狼，只愿意给狼以生存空间，那么最后我们见到的都是狼，这一点都不奇怪。

尽管如此，我仍然见到过一些愿意忠于自我的年轻男人：他们有自己的原则，从一开始就不愿将自己的灵魂交给撒旦；他们努力工作，或许赚得不多，但足够养活自己；他们还没有放弃自己的爱好，还相信做自己喜欢的事是重要的；他们认真爱自己想爱的女人，或许曾被拒绝过，但从不怀疑爱情，从不辱骂女人；他们满意自己的人生，不会因为“天上人间”被查封，自己来不及去享受而惋惜；他们可能在这个社会上没什么影响力，但他们始终是自己的主人。我想我们可以为这些年轻男人留一些尊重和敬意，他们才是我们这个社会的希望。

做母亲是一场自我承担的孤独之旅

时间就是这么个东西：几年前我在公共场合听到小孩儿哭闹会特别烦躁，能躲多远就躲多远；几年后，再听到孩子哭闹，我则会下意识地想起我的那些姐妹，想象她们会怎么应付这样的场景——在我的大学好友QQ群里，当年的几个室友都当妈了，除了我。

我认为“生还是不生”这样的问题早已不再是问题了（印象中，十年前媒体就热烈讨论过“丁克”现象），很明显，这不就是个人选择的事嘛。可事实证明，一个已婚女人的肚子，总是广大亲朋好友关注的焦点。说起来我也曾经乏味得很，有时候谈着谈着没话题了，也会对已婚朋友问一句：“什么时候生孩子啊？”可见，毫无趣味的生活真的会让人变得面目可憎。

2013年8月的《时代》杂志，再次以“不生孩子”为封面主题——因为美国的出生率已经打破历史最低纪录。报道一开篇就说了一个故事：14岁的少女劳拉决定以后不要孩子，因为她目睹妈妈一辈子都没有“自己的时间”。她的妈妈说：“你将来会改变主意的。”她就一直等待着这个“改变”的时刻；然而，这个时刻从来没有在她身上发生。现在她已经50岁了，作为一个作家兼纪录片导演，她一天比一天发现，没有孩子的人生也很完整。

国内的关军写了一本《无后为大》，从生命、教育、社会、伦理、环境等角度阐述丁克的理由。这算是国内第一本真诚讨论“不生”的书。撇开大环境不说，对于许多人来说，最重要的原因是生育代价和个人追求起了严重冲突，正如《时代》封面主题的副标题所说：“如果想要这一切就不能要孩子。”“这一切”指的是：时间、自由、职业、兴趣、健身、娱乐等一切个人在乎的东西。更重要的是，这些人没法忍受做“只生不养”的父母，生，谁不会；可对生命复杂性的敬畏，加剧了他们“一定要做好父母”的偏执。这样一来，冲突就几乎不可调和了，人的精力、时间和金钱毕竟都是有限的。

生孩子是繁衍本能，不生孩子是依靠本能之外的反思，所以不生的理由往往是经过深思熟虑的，很难被外人驳倒。有人生了孩子之后说：“当生活失望，让孩子出场。”这句话吓了我一跳，但很有代表性：与其说孩子需要父母，不如说父母需要孩子。但很多大人不能看明白这一点。我判断一个父母有没有好的育儿观很简单：好的父母发自内心地感谢孩子，不好的父母发自内心地索取和控制孩子。

身为一个女人，我更关注生育对女人意味着什么。作为拥有生育特权的一方，每个女人都无法逃避这个重大的命题。可惜，真正快乐的妈妈太少。很多新晋妈妈都告诉我，不要对男人期望过高，当你经历着身体被撕裂、熬夜挤奶、两个乳头被咬烂发炎而那个男人在身边沉沉睡去时，你会发现自己在一个叫“B-612”的星球上。你问这个星球在哪儿？嗯，就是任何人都找不到的地方，那么孤独。而这只是无数个湮没你的小事件之一。更不要提那些实际的问题：职业的中断，薪水的减少，时间的压榨，和老人的斗智斗勇（中国家庭没几个不需要老人带孩子），亲人的不理解……如果你想学孩子父亲那样，每天只需要下班回家亲亲孩子、周末带孩子玩玩，然后把所有的琐事都交给老婆和老妈？对不起哦，你就是那个叫“老婆”的人。

在社会大环境和“男人觉悟”都让女人独自承担了过多

育儿成本的时候，选择不生，有时候是女人的一种自救。

《绝望主妇》里的丽奈特（Lynette）无疑是非常绝望的一个女人：她一共生了4个孩子。丽奈特和一个年轻孕妇的对话非常经典：

年轻孕妇：我知道会很忙，但幸运的是，我的老公会尽力帮我。

丽奈特：是啊，但是那不可能。

年轻孕妇：你的意思是？

丽奈特：刚开始他可能会帮忙，在他的新鲜劲儿过去前或许会帮忙换一两片尿布。至于凌晨4点帮忙喂奶，你还是别指望了。

年轻孕妇：你不认识我老公，他不一样。

丽奈特：他有奶子吗？

年轻孕妇：没有。

丽奈特：那就只能你来了。你孩子朝婴儿监控器大哭，而你老公动都懒得动。

年轻孕妇：好……好吧。

丽奈特：（举起一本女性杂志）我还没有说完呢，你看到这个没有？你从此再也没机会穿比基尼了。

年轻孕妇：但是你不是生过4个孩子吗？你的身材看起来还不错啊。

丽奈特：你又没见过我裸体的样子，我的小腹就像坨西班牙灰泥，而我的乳房就像放了一周的漏气的气球。

年轻孕妇：可是大多数女人都说这是她们一生中最美好的事情。

丽奈特：大多数女人都是骗子！这是代代相传的谎言，因为这样她们才有外孙可抱。

年轻孕妇：拜托不要跟我说下去了！

丽奈特：不，你得听完。你需要准备好：你的孩子会袭击你，从你的钱包里偷钱；你的老公会随便买份生日礼物打发你；更要命的是，你的余生，常常感到孤单寂寞，但别妄想得到一刻安宁。

年轻孕妇：（号啕大哭）

我知道有人会说我用心险恶，是的，我就是用心险恶，如果一个女人不能了解做母亲是一场自我承担的孤独之旅，她就是在做一个非常危险的决定。那些匆匆忙忙生下孩子的女人，特别是文艺女青年，是“产后抑郁”的高发人群——因为她们还没有真正调整好“母亲”和“自我”这两个角色的冲突。

别以为你会牺牲得心甘情愿，人往往会高估自己的奉献精神。当你的个人生活不断被压缩，或者当你为了孩子做全职主妇只能伸手向男人要钱，或者当你陷身于家庭育儿纠纷孤军奋战时，你就会变得易怒、委屈，你会发现，你和自己年轻时讨厌的“欧巴桑”越来越像，还不招老公和孩子待见……

一个女人一年要产出12颗卵子，但她要在满足三个条件下生孩子，这颗卵子才用得不那么鲁莽：第一，自己特别想要孩子（不为任何人而生）；第二，能对自己的生活负责；第三，能对将来孩子的生活负责。想清楚这三点，如果结论是不生，谁敢抱着孩子说你是个不负责的人？

韩寒的自由、博爱与不平等

韩寒那篇关于“希望妻子与女友能和平共处”的言论的采访刊出时，唐小唐希望我写点什么。我犹豫没写，一来这终归是个人私事，不分青红皂白地讨论个人私事并不理智；二来是韩寒的观点看似惊世骇俗，其实是他一贯的老调重弹，观点本身并不新鲜，反而古老得很，越是古老的话题越不那么容易说清楚。

不过这个事件还是有一些挺有意思的角度，并未随着热点的退却失去它们的价值，有一些不成章的想法碎片可以提一提：

一、韩寒说出了人类情感的一些真实状态，比如：“我感谢陪在我身边的姑娘，我爱她；我也想念不在我身边的姑娘，我爱她。那是不同的感受，但却都是深爱。”“其他人会爱上我，我也许会中意其他人。”有趣的是，这些话在男女知识分子那里产生了完全不同的反应。男公知感谢韩寒说出了男人的心里话，女公知认为这是在美化一夫多妻制。这两种反应都让我吃惊，仿佛这种“人可以同时喜欢上多个人”的情感是男人的特权，女人被排除在正常的自然人的范畴之外。同是人类的自然情感属性，却被男人欢庆、被女人攻击，这让我再一次发现，社会从未平等对待过男女的欲望。

二、无论他人如何讨伐，都无法阻止一个人喜欢和想念另一个人，这份自由与权利，不分男女。一听到“博爱论”就认为是在美化男人的欲望，就如一听到“小三”就想到女人，这是大脑已经被社会的“男女模式”体制化了。否认和掩饰女性的真实欲望，是对女人的另一种歧视。这种长期歧视的后果很可怕，比如很多女人竟然相信“男人的本性就比女人花心”这样的惊天谎言，导致女人总是处于一种被动的楚楚可怜的道德上的“受害者”角色。

三、要性别平等，首先要承认女人有一切人类的天性，而非因为女人被阉割了部分天性，便要阉割男人的，以获得某种平等。女人也有“花心”的本性，只是她们的欲望大多被无视、被压抑、被掐灭、被噤声。女人只有能够正视和表达自我的欲望，才能彻底摆脱受害者的定位；否则，男人和女人都会一直误以为，女人的幸福是由男人牺牲了自由而施舍的，殊不知，女人的天然自由早已在无声无息中被粉碎得片甲不留了。

四、韩寒描述的自由生活很让人向往：“我所理解的生活就是，做自己喜欢的事，和自己喜欢的一切在一起。”在中国这样一个太多年轻人都为长辈和他人而活的国度里，韩寒的自由论是清新健康的。只要在一个前提下，能说出并践行这句话的年轻人都值得鼓励和鼓掌，毕竟世上已经有太多不知道自由为何物，并且仇视他人过着不一样生活的人了。

五、这个前提就是“尊重”和“平等”。韩寒有自由和博爱之心，却唯独缺了平等之念，这让他的“民主斗士”称号显得有些捉襟见肘。平等是什么？平等就是萨特对波伏娃的契约，当萨特可以拥有多个情人的时候，波伏娃也可以。平等就是罗素不断地偷情、离婚、再结婚，但他不遗余力地支持女权运动，呼吁女人抛弃旧道德、勇敢离开不幸的婚姻、追求独立与幸福。平等就是当一个男人无法控制自己的精神或肉体时，也明白女人和他是同样的人，有同样的欲望和权利。

六、韩寒的逻辑很有意思。他在接受采访时承认，他不会喜欢波伏娃那样的女人，以及找女朋友最重要的品质就是不给他戴绿帽子。他认为，只要得到原配认可，是可以叠加婚姻的。看起来似乎没什么问题，这也是一份自愿的契约，尽管是不平等契约。但仔细一想，他的逻辑和独裁者的逻辑是完全一样的：不喜欢有自我意识的民众，要绝对的控制，挑选因为个人崇拜而自愿放弃部分自由的控制对象——这样的对象心甘情愿签订不平等契约，生活在感恩戴德当中，偶尔的不平与愤慨也很容易被安抚下来。

七、韩寒有才华，长得不错，所以有人在微博上问：女人是愿意和别的女人共享韩寒，还是独占一个平庸的男人。韩寒自己大概也有这种优越感，才会心安理得地推行不平等条约。独裁者也是有优越感的，他们享受特权，同时坚信大众在自己的庇护下才会更幸福——既然人的智商、能力、资源是生而有差距的，为他人做主简直就是最有效率的分配方案。如果一个人的优越感超越了基本的平等意识，一旦拥有权力，就必定视民主为多余。独裁为何需要不断被反抗？因为它就在每一个人的心里。

八、刚好看到有人转了韩寒绯闻女友赵卓娜的一条微博："对于女权有三种解释：（1）体内雄性荷尔蒙过剩；（2）惨不忍睹到男人确实无法拥抱；（3）你遇到的男人还不足以强大到令你从女权变为女仆。"这样狠毒的评论用一种"弱女子"的姿态说出来，让人倒吸一口凉气。无论绯闻真假，韩寒和赵卓娜是绝配：一个是控制狂，一个是被控狂。只要韩寒一天是控制狂，他选择女人的品位就一天不会发生变化。

九、最难回答的问题：开放式的爱情和婚姻究竟有没有可能？在一段关系里的所有人若能克服嫉妒，就有可能。李银河在她的新小说里描绘了一个"乌托邦"，那里存在着一种相互理解的开放爱情：我爱了别人，对你的爱并不会少一丝一毫。但这种非常规的爱情定义不太可能被我们理解；即使萨特和波伏娃这对天赋异禀的奇人，试验也并不那么成功。

十、人的认知体系和道德感从来不是一成不变的，或许在一千年以后，开放式的爱情与婚姻会成为主流。但即使到了那一天，韩寒这样的单方面开放，也是要被踢出局的。

谈女人的“神经质”

身边有个朋友，喜欢写点小诗，虽然从不自诩诗人，但比许多顶着“诗人”头衔的人写得更好。要是她一直这样写下去的话，成为又一个辛波斯卡也不无可能。

她在微信朋友圈里更新了一首《神经质》：

我看对女人的这个指控
比放荡还严重一些
这是一个宽容的暗示
介于孩子气和疯狂之间
可以把
所有的努力

一笔勾销

…………

有时候我听见我的爱人说

女人总是有点神经质的

这时候他温柔地抱着我

说答应我所有的要求

我就没办法继续讨论下去

既然我是被爱的

有女性朋友在下面迅速跟帖表示共鸣：“和他争论到激烈处，他突然话锋一转，你是不是要到更年期了？我会非常愤怒，感觉受到了侮辱，不管他语气多么温柔。这算另一种人身攻击吧？”

这首小诗像锋利的刀口，触碰到了身为“女人”的痛点：那是一种仅仅因为性别就被贬低、百口莫辩的无力感与挫折感，而且常常发生在亲密关系当中。当然，既然一个男人可以轻而易举地对一个女人如此指控，那么整个社会里，男性全体也可以轻而易举地如此指控女性全体。

在以真实事件改编的电影《换子疑云》中，警察局长对付那个失去儿子的母亲，采用的就是这样的老办法：他让大家相信她是一个神经质的疯女人，以此消解她表达的意义。是啊，一个身穿制服、义正词严的男人，只要轻轻说出“她神经有点不正常了”并做出一副大度谅解的姿态，就可以把一个悲伤过度、精神恍惚的女人打入失语的牢狱中。

在人类社会的刻板词语中，“歇斯底里”“不可理喻”总是与女性联系在一起，而男人则是克制与理智的。但是，真的是这样吗？

我们可能从小就习惯一个场景：在饭桌上，父辈们一边喝酒一边谈论国家大事；而这类“大事”通常是妈妈们插不了嘴的，她们被排除在这种看似理性的讨论之外，只是默默地做着端菜添饭这样的边角料小事。

这个普通场景的象征是：只有男人才有进行讨论的话语权与智商。这个意象具有源远流长的传统，从雅典城市广场的哲学辩论到诸子的百家争鸣，然而女人——拥有二分之一的人类数量，却是缺席的。而且从那时开始，女人就作为一个无理性思维能力、多变多疑、智力偏低的形象，在浩瀚的著作中被定下型来。

我们是历史结的果，逃不出被标签化的命运。身为女人，即使在两千年之后，在我们的成长过程中，依然免不了要面临如此尴尬的场景，当我们认真地想表达什么——有时候过于认真到情绪激动时，就会迎面飞来一记闷拳：“好了，不和你争论了，你又开始神经质了。”

我们巨大的表达欲被打回来，我们不得不吞下去，那起伏的胸腔就是我们隐忍消化时的唯一外在表现。同时，我们也在怀疑自己——是吗，真的是我错了？我如此不可理喻？他已经在容忍我了，我还不满足吗？

再后来，我们或多或少地学会了利用这种指控。当我们需要什么时，我们不再对另一个性别毫无保留地坦承，而是利用撒娇、隐瞒、哄骗、暗示等手段。我们自己一步又一步走入两千年前就为女人设置好的标签下，我们知道自己失去了什么。然而，男人比女人更可悲的是，他们永远不知道自己失去了什么。他们仅仅用一个“神经质”的玩笑，就封闭了一颗丰富的心灵对他们开放的可能性；他们失去了看到另一种思维与智识的机会，而后者原本会指向对世界更多的理解与灵感。

长大以后，有了独立意识的我，却在饭桌上看到了另一种真相：那些高谈阔论的男人，只是满嘴空洞的言辞，对着他们并不了解的也和他们无太大关系的人与物，进行非常主观的臆想与评论。比如，在我们的国度里，最常听到的就是对国家政治人物的前途分析，仿佛人人都是御用军师；与这样浮夸的讨论相比，那些女人的自动沉默与游离，反而显得更为理性。

这让我意识到，在许多情况下，男人是一种社会化更彻底也更单一和僵硬的生物。他们号称理性，却也更容易被抽象的话语所迷惑，成为偏见更深的人群；他们号称理智，却也更难卸下包袱，任感受和直觉自由流通。他们常年对情绪进行强力控制，因此，当面对另一个人饱满的、即将爆发的情绪时，就如同二维人物不能理解三维人物一样无措，于是他们将这种表达——智力之外包含情感的表达，称为“不可理喻的疯狂”，并将其贬低得毫无意义。

男人厌恶女人的“神经质”，还可能源自害怕——那是不受规则约束的感性力量，让他们所有的准备与防御都沦为虚设。如果说他们自以为是的理智是坚固的城堡，女人的“神经质”就是蜿蜒地深入城堡之内的一根神秘之藤，让他们发现自己理智的漏洞与脆弱之处。弹性越差的男人，越容易去指责女人“神经质”——他必须以此掩饰自己的理解无能。

理性是高级的，直觉与情绪是低级的——这也是男性千百年来强调并因此成为主流的论调。可谁又敢说这是准确无误的？可惜在此前提下，女人们面临悬在头顶的指控，只能保持沉默，含胸驼背，冻结许多原本可能有的犀利的、精彩的、灵动的、真实的表达。

女人是什么？男人是什么？任何一个独立的人都不应该以一个词语去定义他人和自己。里尔克对此说得最贴切：“我那么害怕人们的语言……我真心喜欢倾听事物的歌唱。只要你们一碰触，它们就会僵硬、喑哑，你们就这样把我的万物谋杀。”

是的，让我们用耳朵去听，用眼睛去看，别提前受到词语的狡猾欺骗。

我见到过许多头脑清晰、通情达理的女人，我和她们谈话是愉悦的、有趣的，我知道她们在认真地表达，她们的笑容和眼泪，都是真实的。我也看到过情绪激动、语无伦次的男人。无论对哪个性别，以粗暴的“神经质”冠之并压制其声音的做法，都是怯懦和邪恶的——哪怕以爱的名义。爱，必然是直面和坦率的结果，而不是自负的掌控与矫饰的权宜。对女人整体怀有深刻误解的男人，不可能真正爱上一个确切真实的女人。

经济独立之外

小区楼下有一家装修豪华的美发店。我早上去上班时，总能看到美发店的十几个女员工伴随着《最炫民族风》跳集体舞；舞毕，她们还要大声宣读爱岗誓言，有一点不整齐都会被领班严厉呵斥，必须喊得铿锵有力、响彻楼宇。

每次碰到她们，我都匆匆而过，不忍直视。因为我想象自己若是她们中的一员，只求大家对我无睹，不要用异样和戏谑的眼光看我。身为一个成年人，还要在大庭广众之下，被当作不听话的小学生——没有一个正常人喜欢用这样的方式来得到关注。

爱因斯坦一生都恐惧“整齐的脚步”。当年所有人都为德国军队路过慕尼黑的街道而喝彩时，还是孩子的爱因斯坦就吓得不轻，他甚至哭了起来：“我长大后可不愿意成为这样一个可怜人……反复执行无意义的命令，机械式地服从。”

天才的世界看起来总是恣意妄为的；然而普通人的身上，却挂满了大大小小的铅球，好似无论如何也挣脱不开各种沉重的枷锁，最后本身也成为铅球的一部分。对美发店里一个20岁的女服务员来说，她大概是家境不好、受教育程度不高，也无其他一技之长，因此，即使她也恐惧这种“整齐的早间宣誓”，却也只好按下恶心，忍耐下来。

先不用急着同情她们，这个社会的许多工种和美发店的小妹也差不了太多。高级如你，无论职位是什么，是不是也要赔笑、执行无意义的命令、机械地服从、忍受冷枪暗箭甚至羞辱？

“经济独立”远远不如口号喊出来那么光鲜亮丽，任何一个词语，只要掉进生活的丛林里，就必然拖泥带水、枝蔓繁杂。经济独立——赚钱的实质，在当下竞争尖锐的职场环境中，好比混黑社会，其中艰辛与惊险，不能向外人道。社会若那么天真与友好，就不会有那么多人的最大愿望是“求包养”。

人人都有避害的本能和懒惰的天性，如果有后路，谁愿意硬着头皮忍受江湖磨难？一百年前的娜拉，出走之后无路可走，如今娜拉的曾孙女们接受高等教育、谋得一份职业之后，却心心念念地要走回来，“与其取悦那猪一样的老板和同事，还不如伺候好一个老公”，听起来倒也像是“两害相权取其轻”的理性衡量。绝大多数男人之所以还在兴致勃勃地冲锋陷阵，是因为他们无路可退，他们的“勇敢”是被逼出来的。

社会对男女的期待不同，因此，对自己狠心还是慈悲只在一念之间，千百年下来，便造就了两个性别完全不对等的原始积累结果。

作为一个女性主义者，我曾再三强调经济独立对女人的重要性，并非是身在书斋不知外界险恶，一个不健康的职场对一个人的洗脑和扭曲有多么严重，我见识过太多。在“经济独立”这个大帽子下，有多少藏污纳垢，任何一个成年人都自有体会。可是，无论如何，在这个世界上生存下来、自食其力，是每一个生命的使命和责任——无论生存这件事本身有多么原始与粗暴。爱因斯坦也没有权利去嘲笑那些为了活着而踏着“整齐的脚步”的人。

但我们也没有完全粗暴到对内心不闻不问的地步。在求生与抗拒异化的巨大拉扯中，如何获得平衡与和解，《千与千寻》这部动画片能够给所有大人以启示。千寻来到一个光怪陆离又等级森严的魔幻世界，她一无所有。小白龙告诉她：第一，在这里如果不工作，就会被汤婆婆变成动物，所以，不管如何艰难，都一定要坚持下去；第二，不要忘记自己的名字，汤婆婆偷走了你的名字，如果你忘记了，就再也回不到原来的世界了。

聪明人一定能看出这其中的隐喻。“汤婆婆”就是这架无孔不入的社会机器，一个人如果不在其中谋得一份工作，便没有立身之本，最终会失去对自身命运的掌控，沦为他人的“动物”。但同时，社会机器又像一部绞肉机，它的强大规则会绞杀你的意志和判断，把你塑造成绞肉机最喜欢的样子，如果你完全听命于它，你也会丧失原本清醒的认知和美好的价值观。

很多人像小白龙那样，服从“汤婆婆”，为她偷东西，久而久之忘记了自己的真名。少数人像千寻那样，为“汤婆婆”做事，但瞒着她偷偷记着自己的名字，一直也没忘记过。后者感人至深的地方在于，尽管她永远打不赢“汤婆婆”，而且“汤婆婆”永远也不会消失（在现实世界中也如此），但她没有完全成为“汤婆婆”的一部分，她还保留了精神独立的一席之地，这显示出，再强大的“汤婆婆”也拿这份微弱又坚韧的自由意志无可奈何。

谁敢说，在《最炫民族风》的集体口号里，没有这一点自由意志的存在呢？

老淑女

电影《我在伊朗长大》是一个伊朗女孩的成长自传，改编自伊朗女插画家玛赞·莎塔碧的同名漫画。她的画风简洁粗犷，故事却丰满细腻，哪怕在描述最恐怖的政治迫害时，也穿插着或童趣搞笑或飞扬叛逆的生活细节。

在对女性格外严苛的伊朗，玛赞还能成长为这么一个自由大胆的女插画师，全拜她那宽容开明的豪门家庭所赐。她虽不幸出生在一个压抑人性的国家，却又幸运地拥有一对释放她天性的父母。

她结婚时，她的父亲对她未来的丈夫提了三个要求：

第一，你肯定知道，在这个国家，女人是没有离婚权的。只有在双方签结婚证明时丈夫允许她选择，她才能获得这个权利。我女儿必须享有这个权利。

第二，我妻子和我是让女儿完全自由成长的。如果她一辈子待在伊朗，她就会失去生机。因此我要求你们拿到文凭后要去欧洲深造。你们可以得到我的经济资助。

第三，只有觉得真正幸福才生活在一起。生命太短暂了，不应该苟且地活着。

她最特别的一个亲人，是她的外婆，一位真正的老淑女。在整部电影里，外婆的台词并不多，却堪称句句经典。如果人生需要几个锦囊的话，我愿意把老太太的这几句话放进锦囊里，伴我同行。

老太太的第一个忠告是：**一生当中，你会碰到许多浑蛋，他们伤害你，是因为他们愚蠢，你不必因此回应他们的恶意，世上最糟的就是自卑和报复心理；要永远维持自尊与诚实。**这是在十几岁的小玛赞第一次出国前，外婆特意陪她入睡时传授的智慧。

这句话让玛赞终身受益。玛赞从小见到过许多政治谎言与杀戮，包括她最亲爱的叔叔也曾遭遇酷刑与杀害，她童年时的玩伴因为参加战争而失去双腿，她认识的一个少女因为参与革命被判绞刑——行刑之前，由于宗教规定不能处死处女，这个美丽的女孩被士兵强奸。

即便目睹这些，玛赞并没有因此而变得黑暗与扭曲，她仍然能够识别生活的美好之处，并热爱生活，这与外婆超脱的个人主义不无关系。外婆的意思是，浑蛋总会有，在某些阶段和时刻，个人的力量也许微小，不足以与之抗衡，但个人可以游离之外，不被恶棍影响，不让他们剥夺我们内心最可贵的诚实，也绝不让他们将自卑与粗鄙植入我们的心灵——如果你不幸被影响了，无论如何，你都上了他们的当，因为你被他们控制，失去了最重要的东西。在一些特殊的宗教或政治影响下，很多人一辈子都沦为复仇的工具，从未真正地活过——想到这一点，就更会发现外婆的高明之处。

玛赞的父母应该也深受外婆的影响，他们也如此教育女儿：我们的革命使我们倒退了五十年，需要好几代人才能演变过来；生命只有一次，你有责任把它过得丰富多彩。

老太太的第二个忠告是：**你当然有选择，每个人都有；所有的人永远都有选择权。**

玛赞在20世纪90年代初回国，在街上碰到了追捕异见人士的宪兵，由于她化着很浓的妆，是厌恶“西化”的宪兵们最不喜欢的一类人，很可能会被逮捕。她想到唯一的脱身办法就是假扮弱女子，于是谎称有个男人开口侮辱她。那个无辜的男人被抓走了，玛赞觉得好玩，回家后说给外婆听。外婆盯着她说：你很卑鄙，我为你感到羞耻。玛赞争辩道，你明明知道我没有选择的余地。外婆说，所有人永远都有选择权。

她要玛赞明白：你选择了什么，就是什么，别找借口。口口声声说自己没有选择权而做出伤害他人的卑鄙之事，是否认自己生而为人，否则自己明明有自由意志，那就是不可原谅的下作之举。

第三个忠告稍微长了一点，但很是幽默和精彩。**哈，这就是你说的可怕的事？我还以为谁死掉了呢。你知道我有心脏病，还这么吓我。你流这么多眼泪只是因为你要离婚？！听好，我在五十五年前就离婚了，在那个年代还没有人离婚，但我总认为独居比和浑蛋住在一起好……没有“可是”，第一次婚姻是为第二次婚姻做准备，你下次会更满意。你伤心是因为你选错了对象，要接受自己犯下的错总是很难的。**

玛赞看似受西方文化熏陶，青春期就热爱摇滚音乐，却会被自己离婚的念头吓得手足无措，特别是听到女朋友说的，离婚的伊朗女人都很惨，她哭得无法自已。殊不知，她的外婆先于半个世纪就大无畏地做过这件“可怕”的事，而且一辈子都活得洒脱自在，蔑视世人愚蠢的规矩和偏见。

第四个不算忠告，只算作为闺密附赠的贴士。“外婆，你这个年纪胸部怎么还这么丰满？”“每天早晚我都将乳房在冰水里浸十分钟。”

玛赞后来在法国定居，外婆已去世多年。在玛赞的回忆里，外婆每天早晨都会摘茉莉花放在胸罩里，让它闻起来香香的。而当她解开内衣时，花瓣从胸口飘落，那真是神奇的时刻。

这位戴着穆斯林黑纱，只能把眼睛露给外界的老女人，却是位真正的淑女。我认为“淑女”即指“美好的女人”，绝不是某些男人期望的形象柔弱与言行保守，而是像这位老太太一样，有智慧，有勇气，有自由意志，有生活情趣，这些，才可算得上淑女的核心标准。

人终有一老，或老而猥琐，或老而优雅，我们总有选择。

救救“怨妇”

在《傲慢与偏见》中，简·奥斯汀不仅创造了冰雪聪明、让达西先生一见倾心的伊丽莎白小姐，也生动地刻画了这位婚龄文艺女青年的双亲：一个唠叨、啰唆、市侩的母亲，和一个开明、无奈、忍受着老婆喋喋不休的父亲。

一个总是在抱怨的女人和一个在内心嘲笑她又容忍她的男人——这样的经典夫妻档，并不是奥斯汀所开之先河，也不会由她早早终结。即便现在，我们打开电视随便换到任何一部家庭剧，都会看到这样夸张的定位：那些小里小气、数落他人、让人避之不及的婆婆妈妈，带着又笨又粗鄙的神情，反衬着丈夫的包容与明理。

即使奥斯汀带着骄傲写出了一个个聪慧独立的年轻女性，

却也在笔下毫不留情地讽刺着那些罗里吧唆的“老妈子”。她不是在刻意丑化女人，她只是作为一个出色的小说家，用一面清晰的镜子，真实地照出了人类的生活而已。

我也不得不承认，整体来说，女人比男人更没有安全感、更喜欢抱怨，这个世界上的“怨妇”比“怨夫”多得多。有一个经典形象是“白发魔女”，她代表着所有为男人受了伤、怨气冲天的女人。她的座右铭是，男人没一个好东西——这简直就是一个极端恐怖分子嘛。

可是，我不相信的是，一个性别天生比另一个性别更爱抱怨；只是，我暂时没有找到原因。这个问题困惑了我许久，直到我在一本谈猫的书里，无意间找到了线索。

美国作家马奎斯写了一只拟人化的母猫的故事。母猫梅伊塔贝尔被一只鼓吹性解放的公猫所引诱，生下了几只小猫，不得不独自肩负起养育子女的责任。她无法抵制对“按自己的方式生活”的渴望，一边抗议“太不公平了，这些该死的公猫却拥有所有的快乐和自由”，一边仍会不屈地表示：“自我牺牲永远是对的。”她要牺牲自我的追求，为无辜可爱的孩子们“营造一个家”。

《猫》的作者凯瑟琳为这个故事点评道：猫并不了解人类的思想观念，但其生活却体现了人类道德标准的不公平，即否认自我实现与母亲义务之间存在任何冲突，并认为心甘情愿的自我牺牲是女人的天性，而与男人无关。马奎斯也揭示了女人的伪善，她们为男人做出了大量牺牲，却拒绝承认她们对此心怀怨言。

是的，就是这个，答案就是——女人的伪善。尽管她们想掩饰，想拒绝承认心怀怨言，怨言还是如翻滚的岩浆，在无意识中不断地喷发出来。

天底下女人的常见抱怨模式，都具备“伪善”的特点。让我们像剥开俄罗斯套娃一样，一层层揭开女人们的谎言。这几层魔障般的谎言，欺骗着男人；更可怕的是，欺骗着她们自己。

第一层谎言：“我并不想要，我并不需要。”

这个谎言可以填空成为：我并不想要特别的生日礼物，我不需要求婚，我不需要细心的关怀，我不需要陪伴，我不想要你帮我做家务，我不需要被平等对待……

而这句谎言背后的声音是：其实我想要，可是我不能表达出来，如果你知道并给予我，对我来说是多大的惊喜！

为什么她不能表达出来？因为她想做一个“好女人”。从这个女人的妈妈的妈妈的妈妈的妈妈起，“好女人”就等同于一个欲望淡泊、含蓄谦让、将自己放得很低、不懂“想要”为何物的女人。

可是，一个人怎么会不“想要”？一个人一定有她的渴望和诉求，就如一棵树必然渴望阳光和雨水一样。恰当的欲望正是生命力的表现。将自我矮化，只是在压抑生命的本能，必然导致怨恨的反弹。

于是，男人会听到她小声却不绝如缕的抱怨。而男人则莫名其妙：“为什么又生气？又要我猜？谁知道你在想什么？有什么话不能好好说？”而她，仍然紧紧闭着嘴，眼泪在眼眶里打转，就是怎样也说不出口。直白地表达欲望已经成为女人的一种羞耻，就仿佛扒掉她的衣服一样。她无论如何也冲破不了自我的牢笼，简单直白地说一句：“我想要。”这不是她一个人的错，毕竟，太久以来，女人一旦表达正常欲望，就会被指为贪婪、自私，令人厌恶。

几年前，说出“我宁愿在宝马车里哭，也不愿在自行车上笑”的某女子，让全国男人暴跳如雷的同时，也让许多女人气愤不已，感觉她“丢了女性的脸”。她们把自己想象成笑而不语、矜持豁达的圣母玛利亚，把有欲望并胆敢说出来的女人想象成蛇发女妖美杜莎。

实际上，这个“坏女人”并没有伤害任何人，只是表达了自我的需求而已：我想过有宝马车的生活。满足不了她要求的男人，不理她就是了，她也无法怨恨任何人。而慈眉笑眼地坐在自行车上的女人，转身就可能变成拿根小鞭子鞭策男人多赚钱，“望夫成龙”而不得，只好天天说命苦、说男人没用的怨妇。

第二层谎言：“我为你做了这么多，不图任何回报。”

在集体主义的环境里，舆论很喜欢歌颂“不图回报”，并将此种行为称赞为“闪耀着人性的光辉”。

在男权主义的环境里，舆论就很喜欢歌颂女人的“不图回报”。集体主义+男权主义的双重制约，就给女人们洗了脑——你不该图什么回报。

真相是，不图回报，永远不是闪耀着人性的光辉，而是暴露着反人性的险恶。

任何一个人，若不是百年不遇的特里萨修女，就别轻易说什么“不图回报”的谎言，即便为了爱情。

为了爱情，男女都会做出许多自我牺牲的事情来，并且甘之如饴，但这种热情通常只能维持很短的时间；许多自称“痴情”的人，求爱不得就会转为怨恨和愤怒。

女人却常常打着“为了你，为了爱情，我什么都愿意”的旗帜满世界跑。当她们熬夜织围巾，当她们在大年夜离开父母去陪他的父母，当她们放弃良好的工作前途去他的城市，当她们拿微薄的工资给他买帅气的衣服，当她们夜夜不眠地照看婴儿……她们以为自己是那么爱他，可以不要任何回报。可是，在一次次的争吵中，你会听到她对回报的饥渴：“×年×月×日，我做了……；×年×月×日，我在……而你……你怎么可以这么对我！”

她们对自己所做的一切如数家珍，甚至还会在回忆的想象里给自己增添神圣的光环。所以嘛，她们一直都是想要并且等着回报的，甚至还期望时间的红利——可是连她们自己都意识不到这一点。当她们瞪着无辜又可怜的眼睛哭诉时，又一个被自我欺骗蛊惑的“怨妇”诞生了。只要有一天她不能识别这个自我欺骗，她就一天不能摆脱“怨妇”的命运。

第三层谎言：“自我牺牲是快乐的，我是心甘情愿的。”

这是更深的自我催眠。就像梦中梦，要破除几层梦境，才能真正醒来。

“牺牲”是一个严重的字眼，真正的甘之如饴是自发而自然的，是触不到“牺牲”的边界的。而“牺牲”是一种损伤和残缺，是一种无奈和隐忍，是和完整的快乐相悖的。可是女人们却在潜意识中，想尽一切办法将“牺牲”合理化与美化，将它与千里之遥的“快乐”强行挂钩。她们一遍遍地自我暗示，想将自己摁在这片退而求其次的土地上，就类似于将笑脸面具戴在脸上，以为戴久了就会融化在皮肤里。

如果一个人说他自己一边在牺牲一边在开心，那么一定要警惕，这种开心没有合理的坚实基础，是经不起推敲的。如果他劝你也这样做，那更要逃得远远的，因为这和邪教的差别不大。

太多女人为了保持一个“善良”的形象，而拒绝承认在内心最深处是不满和抱怨的。她们自认为是心甘情愿并快乐的，但是，一切压抑与不满都是有迹可循的，它会以另一种“怨妇”的形式表现出来——她们常常站在道德制高点上，批判和指责他人的自私与不作为；她们严苛而控制欲强，一旦抱怨起来，比一般的怨妇更让人难以忍受：这是最高级也最难破除的“伪善”。我们可以在很多家庭里找到这种“怨妇”。

所有抱怨的女人，都在“伪善”的诱惑下走入了曲折的迷宫之中，以致看不到真实的内心。一旦她们放下“好女人”和“善女人”的包袱，就不会抱怨了。“坏女人”和“好女人”的一个区别是：“坏女人”明目张胆地对自己的欲望负责，“好女人”让别人对自己隐藏的欲望负责。对应的结果是：“坏女人”很少抱怨，“好女人”却常常成为怨妇。

鲁迅先生说，“救救孩子”；我要说，“救救怨妇”。因为，有身心健康的父母，才有身心健康的孩子，才有可期待的未来。

以下几个常识可以救“怨妇”于水火之中：

一、人要对自己的幸福和快乐负责，不假求外人；一不高兴就怪别人，便违背了这第一条常识。

二、既然人要对自己的快乐负责，就要诚实地回答：什么会让我快乐，什么会让我不快乐？比如，有很多钱会让我快乐，能做一个相对自由的人会让我快乐；没有回报的爱会让我不快乐，不公平的关系会让我不快乐。

三、有了诚实的答案，就去做。去执行和追求让你快乐的事，拒绝和远离让你不快乐的事。

四、在做的过程中，不断调整自我期望与能力的平衡，并在平衡中得到成长、平静与自足。

五、可怜之人必有可恨之处。“怨妇”是做不到以上四点的。

关于“伪善”，我还想再最后补充几句：

伪善不仅仅是女人的专利。伪善非常普遍，你可以在每一个嗜好抱怨的人身上找到它。它常常出现在不平等关系中的弱者身上，而不仅仅是男女关系中的女人身上。比如，在等级森严的官场里，下属要在上司面前做一个兢兢业业、毫无野心、甘于奉献的员工；在强硬的父权关系里，儿子要做一个没有自我意识、完全孝顺的儿子。他们无力发现和摆脱施加在他们头上的催眠，于是按照一套既定“行为规则”成为对方期望的“好人”，而隐藏自己最真实的想法。

他们不断被暗示：你应该、你不需要、你要牺牲……但是他们内在的人性和欲望必然反抗，必然对那些获得了更多资源和自由的人表达不满，于是，抱怨和牢骚源源不断地从他们的心里吐出来。

抱怨就像嗑药一样会上瘾。爱抱怨的人常常摆脱不了他们所抱怨的人和物，这才是他们最大的病痛，因此他们依赖“抱怨”这剂麻醉药。要想破除这无止境的轮回，只有像那几个常识所揭示的，用清醒的认知和果断的行动力来终止伪善。

无人对自己负责。救自己，才是善待他人。

心甘情愿被你骗

在婚恋交友网站工作时，我非常不解的一件事是，为什么网站做了那么多明显的提示：不要汇款给网恋对象，还是有那么多人投诉被骗了？

我们也接待过一些受骗后反应非常激烈的人，总结了一下，有一个人群被骗的概率非常大，那就是35～55岁的中年女性。如果去了解一下她们被骗的故事，很多年轻女孩都会找到情感上的优越感：这些“阿姨”也太幼稚、太愚钝了。确实，那些骗术几乎没有技术含量，有些女人甚至连对方的面都没见过，就把几万元的身家全部汇了过去。

这个年纪上婚恋网站的女性，要么是离异的，要么是丧偶的，也不排除老公出轨后经常不回家，于是在网上寻找情感慰藉的。她们很容易轻信人，几乎都是同时被骗了感情和钱财。不用福尔摩斯的天资，我们也可以推测出她们对爱情有多么饥渴。

有一次和一个心理咨询师朋友吃饭，我不满地说起了这个现象："这些女人就不能花点时间好好爱一下自己吗？为什么再三去上感情的当？"朋友对我的抱怨不以为然，他对我眨眨眼睛，意味深长地说："你知道吗？我曾经有个女性客户，她告诉我，她被一个年轻男人骗的那段日子，是她一生中最快乐的日子。"

原来如此。

《东邪西毒》里有个叫"慕容嫣"的女人，她爱上了黄药师，明明知道黄药师不可能爱她，她还是爱上了。她爱得很辛苦，理智告诉她不要去爱，甚至分裂出了一个叫“慕容燕”的“哥哥”（另一个人格），去阻止她爱。可是，她还是欲罢不能。这个因爱绝望的女人，对着臆想中的黄药师，说了一句话：

“如果有一天我忍不住问起，你一定要骗我，就算你心里有多么不愿意，也不要告诉我你最喜欢的人不是我。”

我看到这里的时候，曾经嗤笑她，不敢面对真相的人最可怜。后来想想，自己可能还未懂得怜悯人心。

回到那群受骗的中年女人身上来。她们不一定幼稚，也不一定愚钝，甚至可能早就隐隐看穿了对方的蹩脚伎俩，但她们还是愿意去相信：这个人是爱我的。这种相信的需要越强烈，这个骗局就越简单——因为无论对方说什么，她都会信，都会自动合理化。

年轻女孩不一定能体谅这种“掉价”的行为。女孩在年轻的时候，多是矜贵的，看着小伙子们为了取悦自己而相互争斗，那时候的爱，是落在她们靴子上的几片再普通不过的雪花，看一眼，也就不在意了。可是，到了40岁的时候，如果她单身了一些年，如果她还在意爱，就会发现，这时候的爱，就像赤道里的一场雪，久久不来，年复一年，好像永远也不会来了。因为等得太久，如果下一场大雨，她也会恍惚：这应该就是雪的样子吧？因为太遥远，所以记不清了。

在《姨妈的后现代生活》里，由斯琴高娃饰演的独居多年的姨妈，遇上了愿意哄她、赞美她的潘知常（周润发饰），像一盏古老的暗淡了许久的煤油灯立刻被点亮了。她把他当作知己和情人，而他却偷偷卷走了她的毕生积蓄。这样的故事，又何尝不是许多寂寞女人的翻版？

中老年女人比年轻女人更容易受骗，只是因为，人到中年后，时间把年轻时的那些可能性都一点点盘剥光，露出荒芜的沙漠来，才会真实地体验到那种窘迫和急切。曾经的理智与清醒，都在这样的窘迫和急切面前，不知不觉地败下阵来。她们潜意识里明知是一场幻梦般的不可信，却也要去信，因为这真的可能是这一生最快乐的日子。只是醒来之后，若不能调整心态，最快乐的日子就会变成最不堪面对的过去。

在臆想中确认和强化对方的爱不是年老色衰的女人的专利，年轻女孩也有年轻女孩的软肋。最出名的一个案例是《色·戒》里的王佳芝，在千钧一发的敌我对战关头，她冒出的念头竟然是：这个男人是爱我的。她的代价更高，丢了自己的命。可在她那个周围人都把她当革命工具的人生里，她又急需抓住这一丝“天涯海角我或许总有一个知音”的安慰。

前段时间流行一个网络词叫“人艰不拆”——人生已经如此艰难，有些事就不要拆穿。可这只是一个愿望。所以，哪怕你是心甘情愿被骗，也要做好准备，迎接真相大白的那一刻。倘若一辈子走到头都没有发现骗局，恭喜你，能骗你一辈子的人，已然是真爱了。

你的卑微与性别无关

宋涵：

读完《心甘情愿被你骗》，写信想和你讨论些问题，或许词不达意，因为我正在遭受困扰。

你似乎是属于女权主义那一类的？平时我也是，甚至研究生部分学习也和这个有关，可是真正在感情受到困扰时，却如同旧社会的妇女卑微得要命。

我在想的是，是不是感情一定需要男人给你同样的回报？

我快30岁了，这个社会永远是这样，我已经被贴上了“大龄剩女”的标签，所以我急于把自己嫁掉。我去年认识了一个人，他在加拿大，我在北京，我们大多数时候在网上联系。我们之间有很多很浪漫的细节。我在韩国出差，忙碌完一天后的黄昏，在某个小咖啡馆给他念《日瓦戈医生》里的诗……他睡到半夜起来给我说他的梦，也会在有空的时候，跟我讲基督教和量子力学的关系……我是记者，他是做科研的，我们都需要很多时间独处，这些看起来虚幻的细节，给了我们两个人很好的陪伴。

他出身于知识分子家庭，在加拿大读博士后，其实算科学家；感觉人也善良，比如会捡流浪小猫回去养；情商也极高，我不开心的时候他会立即发现，并极力哄我开心……我真以为自己选对了人。

今年8月他终于回国了，我早就预料到从网络到现实生活的转变，会有很大的坎坷。

回国后的两个星期，我们两三天见一次，约会、看电影，也上床。他回来一次不容易，他需要陪他父母，大多数时候我主动提出饭后再见面。

我生性多疑，我担心他会不会还有其他的约会对象，也为之争吵，他赌咒说没有……事实不断被掀开在我面前：我先是发现他在年龄上骗了我，他告诉我他是1976年的，无意中看到他的身份证，其实他是1971年的；以前也没觉得他是有家庭的人，但这个年龄上撒的谎，让我开始怀疑这一点；接着他说这周要在周日带父母出去旅游，从周六开始就失去了联系，电话不通，也没有在线……

我现在只有等他出现，但毫无疑问，我不能再那么骗自己了，有点儿骗不下去了。

我知道我该果断地离开这个人，但是离开一个人好难，尽管我知道他在骗我，但我还是很想念他，是不是很卑微？

我在想，如果不想离开他，是不是可以一直由他骗我，只是不再去想要婚姻这样的结果。

他有他的可爱之处，聪明、情商高、大男人，床上也是十分体贴……

现实生活中，每个人都会告诉我们，平平淡淡才是真，去选一个不那么让你撕心裂肺的人过日子；但问题在于，就算长得没那么难看，要找一个这样的人也不容易。

一直到此时此刻，只要我想起他，我还是会情绪失控，我想，无论如何，他肯定是爱我的；虽然我不知道他到底在骗着我哪些事情……

我不知道你怎么看……

或者这些卑微的想法让你觉得很荒唐。

多雨的夏夜，祝安。

Helen

Helen:

你问了很多问题，我先简要回答几点：

第一，我确实是个女权主义者，但同时我也是一个男权主义者，简而言之，我是一个人权主义者（顺便说一句，《人权宣言》是我看过的人类最美好的文字之一）。

第二，一段正常的感情关系，是一定需要回报的，无论对方是男是女。

第三，为爱卑微从来不是一件丢脸的事，我并不觉得你荒唐，每个人都时不时会成为爱的奴仆，这没什么大不了的。

只是你在陈述中，表现出一种“我是女人，男人骗了我，所以我好卑微啊，我和旧社会妇女没什么区别”的腔调，我很不喜欢。

你的故事，和女权主义扯不上关系。你只是在远距离的网络恋爱中迷恋上了一个男人，以及和他之间的许多“浪漫细节”。然后，你发现他在年龄上欺骗了你，你推测他很可能在其他更重要的事情上也骗了你。但你很快又说服自己，或许被骗也可以接受，大不了“不再去想要婚姻这样的结果”，因为，你发现自己“离不开他”。

所以，你并不需要我的答案，你也不需要任何人的答案，你自己已经有了答案。

我只是想说，你的卑微，与你是女人还是男人没有半毛钱关系。不要动不动就把半吊子“女权主义”当作在感情里受了委屈的迷幻丸，加重对自己和对世界的误解。我一向主张，每个女人都应该知道一点女权主义的常识，这样，她才能敏锐地看清楚这个社会上充斥的以“性别”为借口的愚蠢规则，并坚决不上它们的当。但是，爱情本来就是一对一、你情我愿的自由关系。你要不要爱这个男人，你要付出多少，你要不要继续这段关系，都是由你自己决定的，谁也没有逼过你。在这个世界上，很难有比你的爱情更体现你自由意志的事物了。

如果你的决定让你受了损失，那么就买个教训，像个成年人那样有担当；而不是哭诉因为自己是女人——这样的行为，一点也不女权主义，只是证明你和旧社会妇女的差别确实不大，哪怕你研究生毕业，经济独立。

要知道，在爱情关系中，最大的权力差别不是性别，而是谁更离不开谁这个简单的较量。很多男人也为他们的“女神”卑微着呢。我也不会因为你的卑微就认为我们女人从此没了颜面，要向男人发起一场战争来夺回尊严。爱情最好的地方，仍然是个人对个人，别轻易给自己背上性别的枷锁。

祝安。

宋涵

像“男人”那样，多可怕

每次我提到女权主义，总有男人不同意：女人和男人的生理结构就不一样，女人怎么能和男人一样？还有男人质问：把女人变得和男人一样，就是你们女权主义者的目标吗？

我总会哭笑不得：女权主义是为女性争取与男人同样的机会与权利，比如出生权（参见我国严重失调的男女出生比）、受教育权（参见高考分数线女高男低的人为规定）、就业权（参见种种“只限男性”或“男生优先”的招聘启事），以及作为人的权利，如生育自由权（不生或多生的权利）、发展自我潜能的权利……你是如何把这种机会平等理解成女人就要变成和男人一个模子的？你难道看不见这些基本权利的缺失以及背后个体命运的悲剧，却只看到一个个臆想中的

“男人婆”？这是多么自负、狭隘又脆弱的小心脏。

接下来我会说：不，我才不想变得像你们“男人”那样。

如果像“男人”那样，就意味着如此自大与盲目、无视他人的缺失与痛苦；如果像“男人”那样，就代表着永恒的优越感、拒绝倾听女人的合理表达；如果像“男人”那样，就是在历史的陷阱里故步自封、画地为牢——那多么可怕，我才不想成为这样的人。

更何况，让很多男人自我感觉良好的“男性特征”还包括：对军事与战争的狂热，对激烈竞争与弱肉强食的推崇，对强权的渴求与不择手段，对细节与细腻的不敏感……我一点也不想成为这样的人。

相比起人类社会对女性在各种标准（外貌、贞洁、生育、妇道）上的非人性苛求，男人更像一个被宠坏了的孩子：他们更有活力，更少受到规则的束缚，但也更有破坏欲。他们在历史上做过一些撒泼的事，让他们就像戴着一只癞蛤蟆面具那样恶心，毫无美感，女人并不会因为获得了更多的权利就也要学他们一样把癞蛤蟆面具戴在头上。这些男人不懂，世界上有很多女人并不屑于成为像他们那样的人。她们要的，只是个人的权利；她们的榜样，不是男人，而是她们理想中的、不受压抑与羁绊的新女性。

而对“新女性”这种他们从没见过的物种，这些男人是恐惧和敌对的，他们总觉得这个新物种的目标就是要把他们踩在脚下，这或许正是像极了他们的惯有思维与行为：把弱者毫不犹豫地踩在脚下。一个男性知识分子公开说，自从他知道某个女同事是女权主义者以后，每次和她一起出席活动都会小心翼翼，尽量躲她远一点——仿佛所有的女权主义者都是沾满毒液、口吐火舌的怪物。

前几天参加某大学的一个社会性别论坛，有人问一个女权主义者，你为什么要那么激进？为什么不能温和一点？你那么激进让男人都反感了好吗？

总是像一个女战士的她，诚实地回答：激进与愤怒，是弱者的行为，是弱者在没有选择之下的举动；当一个人无能为力的时候，你不能剥夺她仅存的愤怒。

听到她的这句话，我被一种熟悉的悲凉感击中了。这种悲凉，是个似曾相识的旧朋友，在我的有生之年中多次出现过，它的名字叫：对“男人”的失望。许多个回忆片段纷至沓来：我和我的女性朋友曾把男人当作最可信赖的朋友和伴侣，可是最后，他们做了什么呢？

我的一个女性朋友，赚得比男友多，下班时间比男友晚，可男友就是坚持“回到家希望能有饭菜等着他，因为我妈妈就是这样的”，我们都很生气，说这样太累了，她却说爱他、愿意为他劳累。另一个朋友，生了一个女儿，自从二胎政策实行后，她的老公和婆家就不断催促她再怀一胎，她问老公：“如果还是女儿呢？”她老公淡淡地说：“那就打掉。”某个远方亲戚，坐月子时和婆婆闹矛盾，婆婆骂她：“我骂你怎么了，你也不敢和我儿子离婚，你一个剖腹产的，肚子上留了一条疤，看还有哪个男人敢要你。”而她的老公在旁边一声不吭。

哪怕遇到这样的境况，她们身边的人（包括她们自己的母亲），以及她们自己的意识，也一直在劝说：忍下去，因为其他男人也好不到哪里去。

男人总是抨击女权主义者对他们太凶、太不友好，可是，当女人对男人完全信任、完全友好的时候，这些男人又做了些什么呢？他们假装看不见落后的社会习俗对女性的摧残与剥削。口口声声说爱她们的人，却是践踏她们利益的直接施害者或帮凶，是这些男人太蠢，还是他们太坏？

如果女人的目标，就是要成为这样或蠢或坏的男人，那就太可怕了。

我当然知道，不能将所有的男人划分在“那种男人”里。我当然知道，因为我一向警惕把群体行为当作标签贴在个人身上。男人里也有可贵的少数派，他们从不害怕女权主义者为女人争取权利，因为他们看得见其中的缺陷，甚至愿意投入其中；他们也不害怕声称自己是女权主义者，因为这恰恰是智力与理解力的体现。也有一些暂时不知“女权”为何物的男人，但他们具备一些好的品质：善于学习、温柔宽厚、善解人意、不囿于成见、随时准备更新对两性的认识。他们才是我们值得信任的朋友和伴侣。

是的，女人和男人的生理构造不一样，除了做变性手术，女人永远也不能像男人那样长出小JJ。而对自我有要求的女人，永远也不想成为那种目空一切、又蠢又坏的男人。当某些男人害怕女人成为他们时，女人心里响起的是巨大的嘲笑声：我们要权利，不是要成为另一群不怎么样的人，而是要成为我们自己。

第2辑 当我们谈爱时

相濡以沫，不如“相望”于江湖

我参加过不下二十次婚礼了，每次我都高高兴兴地去，还会封上大红包。但我对“结婚是人生喜事”这个说法不以为然。说实话，光结婚这件事，我觉得没啥可喜的，爱情的喜悦和甜蜜无须用结婚来盖章验证；而且路漫漫其修远兮，结婚也保证不了后续的幸福，当众的宣誓更像紧箍咒，在未来的岁月里，这婚姻是不是对两人的束缚还很难说。

大概是在生活中看多了貌合神离、相互将就但又确实过了一辈子的夫妻，与“两个人只要在一起就胜过一切”这种形式上的大团圆相比，我更喜欢“哪怕一个人也有的完整与幸福”，在我看来，后者才是至高无上的“人生大喜”。

可惜在我们的文化传统里，并不在乎个体的舒展与飞扬。

在历史里寻寻觅觅，可见庄子是一个难得的浪漫之人，他说，“相濡以沫，不如相忘于江湖”，恣意大气又飘逸。我改一个字，“相忘”改为“相望”，简直就是世界上最浪漫的情话了。无须刻意忘记，还能从容相望——美得更为惊心动魄。

要懂得这份美，首先就要警惕对“相濡以沫”的神圣化。在庄子的原意里，“相濡以沫”是很没尊严的下下策。想想看，两条鱼掉进了水洼里，远离最让它们灵动的江湖，只能用口水打湿对方的身体来苟延残喘，多么挣扎与无奈。

可是在后来我们熟悉的语境中，“相濡以沫”就变成了困境中的不离不弃，变成了对苦难爱情的歌颂——其实这只不过是没有选择的本能动作，硬要说多浪漫，只能说是自欺欺人了。不知从什么时候起，我们总习惯从苦难里找出一点美德来。怕就怕，我们被这种苦难思维定了型，即便有了选择，仍然把被迫的苦难当成主动的美德。

是以口水互相养活对方，依赖着对方；还是在碧波荡漾里自由游弋，远远望上一眼也快乐？这两种完全不同的爱情哲学，第二种更让我钦佩并心向往之。要懂得庆祝个人的轻盈与圆满，就必须引入“欣赏之爱”。“情不知所起，一往而深”。情深，并不难；情深却又不沉重不凝滞，才可贵。要做到这一点，需要纯粹又通透的爱，而不是“无论如何我都要与你绑在一起、无论多么不开心也要在痛苦中与你同归于尽”的决绝与愚忠。

写出《纳尼亚传奇》的英国天才作家C.S.路易斯在晚年剖析一生所经历的爱，将爱的起源分为“需求之爱”与“欣赏之爱”：一个是“我不能没有你”，另一个是“就这样看着你也很好”。

C.S.路易斯说，需求之爱会随着需求的消失而消失，但欣赏之爱则是独立于需求之外的，那是对人与物的无私情感，“无论是否需要，我们都认为有义务去注意、品赏、赞美他们”。欣赏之爱是“屏声静息、凝神注视，为世上竟存在这样的人而欢欣；即便不能拥有，也不觉得彻底失望；宁可不能拥有，也不肯从未遇见过”。

《东京爱情故事》里，里美对完治的爱就是“我不能没有你”，她以这份强烈的需求留住了完治。不得不说，很多人在爱情中都对这种需求毫无抵抗力。“我不能没有你”的确能激发很多男人的保护欲与爱意。而洒脱的莉香则很难说出这句话，尽管她同样深爱着完治，尽管离开完治会让她很心痛，但她仍然传递出“就这样看着你也很好”的气息，始终微笑无怨。

而完治也并非不爱莉香，当他知道莉香有机会去美国工作时，他无论如何也说不出“请留下来”，因为他知道她是一个热爱自由与挑战的女孩，他不愿意阻止她的梦想。他们可能不是彼此最适合做夫妻的对象，但并不妨碍他们之间确实存在过纯粹的爱、欣赏与理解。这样追求迥异的两个人，如果硬要在一起，那么一个要被迫收起翅膀，一个要窘迫地更新价值观（完治是一个过于保守的男人），真是何苦相互勉强。

我有一个朋友，最近离婚了，没有小三，没有狗血剧情；只是结婚三年后，他们发现各自的志趣与生活目标都变了，变得不再有交集点。他们都经济独立、有各自的事业和社交圈，都是学习能力很强的人，这种变化发生在他们身上也不奇怪。为了维系这段婚姻，他们做过许多妥协，但最后仍然弄得疲惫不堪，无法让对方满意。

他们也接受过一段时间的婚姻咨询，婚姻咨询师对他们说：“我的作用不是为了让你们一定要继续婚姻，而是帮助你们了解到各自的差异，以及可能的解决办法，最后由你们自己来决定。”这两个不肯怠慢婚姻的人，最终还是和平分手了。真正决定离婚的那一刻，我的朋友豁然开朗：“我和他，真的自由了！”那种感觉，就像两条为了彼此而待在水洼里的鱼，重新获得了飞跃到大江大海的舒展与快乐！

我近年有很多机会对很多新婚夫妻说“恭喜”，但我对这位朋友说的“恭喜”最诚恳。我发自内心地恭喜她和她先生的勇气与忠诚，那是一种对自我的人生、梦想、快乐负责的勇气与忠诚。他们比许多仅仅为了在一起而在一起的夫妻更懂得爱。

分手与离婚都不一定是坏事，虽然它们破坏了我们的常规期望；但与窒息又紧仄的结合比起来，我认为每个人都更需要充盈又开阔的爱。借用连岳先生的话，“爱与婚姻都不能让女性减去独立，让男性减去智慧，不能减去你们自己看重的价值，不能减去自己独特的生存乐趣”。当然，这样的爱需要真正的力量，并不是每个人都能拥有。

将话痨进行到底

美国独立导演林克莱特拍了近20部电影，他有才华，更有耐心。在他的"'爱在'三部曲"（电影《爱在黎明破晓前》《爱在日落黄昏时》《爱在午夜降临前》）中，他让一个美国男孩和一个法国女孩在维也纳相遇；九年之后，让他们在巴黎重逢；然后，又等了九年的时间，让他们在希腊伯罗奔尼撒南部小岛上吵了一架。

十八年下来，当年在街头轻舞飞扬的大学生，已成为年近四十、与对方互喊"你这个疯子"的中年人。看过这个电影系列的人都会爱上他们，因为他们最好地诠释了什么是"时间"——这种无色无味的存在，是最公平的审判者，没有一个人能逃离出它的掌控——从他们20岁的毫无顾忌，到30

岁的初尝苦涩与悲伤，到40岁的成熟又挣扎，我们对时间的手法心领神会，恨不得隔着屏幕与他们干一杯。

最初我被林克莱特征服的是他对“话痨片”的高超把握。三部电影从头到尾几乎都只是两个人的对话，然而全程无尿点，等到片尾曲响起，我才意识到，我听了两个小时的聊天。我一直认为“话痨片”是高智商的代表，聪明的人不一定爱说话，但妙语连珠一定是心智丰富而活跃的表现。类似的“话痨片”还有伍迪·艾伦的电影，以及科幻经典《这个男人来自地球》。

看看林克莱特都让他们聊了些什么吧：美国文化、欧洲文化、媒体、纪录片、职业理想、文学写作、诗歌、青春期、家庭教育、父母的婚姻、男女的情感差异、对死亡的经验和理解、性经历、性癖好、爱情与迷恋的区别、灵魂与转世、宗教信仰、算命与宿命、流行音乐、亲密关系中的谎言、精神出轨、女性主义、科技对人类的影响、闲暇时间、失恋经历、环保、第三世界、生物进化、孤独、梦境、回忆、爱上一个人的时刻……

每一个话题都闪闪发光，让谈论它们的人不可避免地折射出他们自己的喜好、体验与智慧；每一个话题都像一级台阶，向一个人的灵魂深处又多走了一步。然而不仅仅是话题，更是它的谈论方式，让这“三部曲”如此迷人。哈佛大学《公正》课的桑德尔教授算得上当代最会讲课的老师了，但即使如此，这种公共式的演讲与交流，仍然比不上两个人面对面的深度聊天——那种彻底的袒露与随之而来的细微反馈，那种层叠不穷的灵感，仅仅存在于“我与你”这样的二者交谈中。

“细节之中有神光”，无论话题多么宏大，他们之间的对话都是贴身而诗意的。他望着火车窗外漂移的风景碎片，说起3岁时参加祖母的葬礼，在后花园用水管对着太阳散射出一弯彩虹，然后在彩虹中看见了祖母的幽灵。而她的坦白也直指人心：“我想做一个独立又强大的女人，但我也同时知道，爱和被爱这件事，对我是那么重要。”

爱情中的聊天至关重要，我们眼看他们在一来一往的对白中滑入对方的灵魂深湖里。曾几何时，这样纯粹的精神交流只存在于男男之间，因为女人没有受教育的机会，对男人来说，女人就和儿童一样是心智不全的。女性的崛起，事实上是送给男人最好的果实，只是愚钝的男人不仅认识不到，更享受不到。

我尝试想象，如果把自己生活片段里的对话截取下来，也会有这样流畅精彩、棋逢对手的交锋吗？也不是没有。比如，曾经在飞机上偶遇一位温和的医生，我们聊医学、哲学、心理、梦想的工作、喜欢的作家、高考前一天竟然听了同一首歌为自己打气……有那么一两个小时，我们就像彼此的新大陆一样，让对方惊喜和好奇，同时又有一种似是故人来的亲切。但飞机落地后，我们又心照不宣地没留下任何联系方式。又比如，在某个冬天的傍晚，和闺密窝在一家韩国烤肉店里，玻璃窗上是白茫茫的雾气，我们一边假装大口喝酒（实际上只是小口地抿着），一边谈着身边的男人和女人的故事……多少对人性的见解就是这样深化而明确起来的。

人生苦短，虚度近三十年后，我越来越发现，人与人之间的坦诚是在这个支离破碎的世界里，对心灵最好的治愈。能够随心所欲地描述内心感受，并能得到呼应，是活着本身带来的最纯净又最丰富的回馈。两个身体的赤裸相见带来快感，而两个灵魂的赤裸相见则带来隽永的精神高潮。

我们都想知道《爱在黎明破晓前》这对无话不谈的精神伴侣接下来会遇到什么。时间倒回1995年，杰西和塞琳在开往维也纳的火车上第一次相遇，车厢里刚好有一对争吵中的德国夫妻，杰西搭讪道："你知道他们在吵什么吗？"塞琳说："不知道，我不会德语。听说，年纪会让男女失去倾听的能力。"然后，这两个年轻人相视一笑。那时候，婚姻离他们还很远。

2013年，十八年后，他们也成了一对吵架的夫妇，好像印证了那个说法，年纪也让他们失去了倾听的能力。但还好，他们仍然没有丧失犀利的感受力，他们仍然可以把内心最真实的想法袒露出来，哪怕是激烈的争吵，也仍然是两个灵魂的赤裸相对，也比封闭、虚假、隔靴搔痒的冷漠要好上一万倍。

幸福就是猫吃鱼、狗吃肉、奥特曼打小怪兽。幸福就是这一生中，你身边一直都点缀着能陪你絮絮叨叨的朋友、爱人，甚至陌生人。

比悲伤更悲伤的爱情

我看了一些爱情小说，最悲伤的一本叫《巴别塔之犬》；我看了一些爱情电影，最悲伤的一部叫《革命之路》。

《巴别塔之犬》是这样一个故事：一个男人很爱他的妻子，但他的妻子却在普通的一天从自家后院的苹果树上跳下来自杀了，他不知道为什么，他特别迷惑，于是就想教会他家的狗说人话，因为这只狗是唯一的目击者。这个故事的前十分之一已经道出了一个荒谬但又很常见的现象：一个人声称很爱另一个人并在一起生活了很多年，但又并不知道他/她的真实想法。

《革命之路》由人到中年的莱昂纳多·迪卡普里奥和凯特·温丝莱特主演，此片又被戏称为“泰坦尼克号后传”，因为如果杰克当年爬上了船板，露丝和他很可能就步入了这么一场让人窒息的婚姻：这对年轻的夫妇总是在吵架，而且这种吵架毫无新意，就和你在小区里看到的任何一对夫妻吵架的样子一样。他们一起开车回家，妻子试图表达什么却总遭到反驳，于是恳求安静一会儿，但是男人仍然在絮絮叨叨，最后，她只能依赖尖叫来抗议。

在写一个悲伤的爱情故事时，编剧或作家总要注入许多“人做不了主”的无奈元素：父母反对、白血病、车祸、战争、爱而不得……的确，生死离别、世事无常已是一种深深的悲伤，但你若见识了世间恋人间的无数冷战、误解、争吵、诅咒，就会发现，用不着命运的考验与干预，爱情本身就会随时显现它青面獠牙的一面。如果我们注定要在岁月静好里度过漫长的一生，那么让爱情悲伤无望的，通常不是外界的翻云覆雨，而是一个可怕的死结：在两个人之间，哪怕是在能激情做爱的两个人之间，“沟通”这件事，基本是不可能完成的。

一段亲密关系的基础是“分享”，彼此能分享的越多，这段关系的质量就越高。而现实常常是，两个没有什么“分享”交集的人，在一起营造爱情的方法是拼命说服打压对方，把对方拉入自己的阵营和意识系统里。有爱情之名，却无法得到理解，无法分享许多重要的认知与体验，才是最悲伤的爱情——或者这谈不上是“爱情”，如果你相信爱情并要维护爱情的尊严，这仅仅能被称作“一段关系”，就像一个公司两个合伙人那样的关系。

写了《正见》的宗萨蒋扬钦哲仁波切竟然也在一场讲座里专门谈爱情，谈爱情肯定比谈佛经更有市场。不过他谈得很犹豫也很勉强，佛教比王菲的歌更坚信“没有什么会永垂不朽”。他也说到了“相爱的人”之间沟通的困难性：同样是一朵花，两个人同时看到了，但因生活经历与秉性的不同，两人产生的意识可能大相径庭，而这种个人体验是难以被诉说与分享的。

事实上，越是隐秘的内心，越可能构成一个人的核心。如果一个男人有许多话不能对妻子说，却敢对一个妓女说，很难说他的妻子比这个妓女拥有的更多。一段“爱情关系”并不总是“愈久弥坚”的，就像《巴别塔之犬》和《革命之路》里的爱情，他们彼此拥有对方最多的时光，看起来应该是这个世界上最了解对方的人，真相却不是。《巴别塔之犬》里的丈夫回忆说：“露西告诉我，她从小就在床边准备一本记录梦的笔记本。她说，看了这本笔记的人就会明了她的一切，知道她所惧怕的事和古怪的幻想，以及所有她醒来时到不了的地方。”可他只愿意接受一个明朗、快乐与单纯的妻子，他想驱除他妻子脑子里一切令他不快的想法。他的妻子后来喜欢戴着面具和他做爱，因为她敏锐地感觉到，他害怕认识真实的她，那么她只好躲在面具背后，躲在她自己的真实世界里。和车祸、白血病的桥段比起来，这样的爱情更让人悲伤。

《革命之路》最后的镜头，是一个年迈的老人悄悄关掉了助听器，他的妻子在旁边热烈地说着什么，但他什么也听不见，只是安静又坦然地望着眼前的空气。人们一开始总是希望借助爱情来摆脱孤独，后来却发现，因为沟通和理解是一件不可能完成的任务，于是只能在吵吵闹闹和做爱的间隙中再次接受两个人的孤独。这样悲伤的轮回，难道别无他法？《巴别塔之犬》里的丈夫在他妻子死后，过了很久才意识到："记住她原来的样子，就是我能送给我们彼此的最好礼物。"

可我们目之所及的爱情，无不是充满了判断、说服、改造与强迫。也许不那么容易，可我们似乎只能尽最大的可能，放下自我的种种偏见与规则，认识和接受我们的爱人本来的样子。唯有如此，我们的悲伤才会少一些。

有人问：如果实在接受不了呢？那就离开吧，假装接受是悲剧的根源，而且还剥夺了对方被人真正接受的机会。

没有灵魂的“灵魂伴侣”

我在一家婚恋网站工作的时候，曾经很单纯、很努力地想帮助单身男女解决找对象的问题，于是我们发了一个征集函，请单身会员到公司来，聊聊他们的择偶期待和困惑，看看他们的难题究竟在哪里。

很快我们就吸引了一大批女会员过来，她们一开始比较拘谨，不过一旦聊起她们向往的爱情对象，眼睛就亮了，你可以听到一些非常美好、非常细腻、非常激动人心的词语在会议室里飘荡。而在我们的整个征集过程中，只有极个别的男人愿意和我们聊，而且用词精准、谨慎、实际。我开始意识到，爱情和婚姻是相当一部分女人的宗教。

许多女人都提到了“灵魂伴侣”，她们坚信这是她们宁缺毋滥的唯一理由。如果再细问下去，“灵魂伴侣”当然不能太丑、太矮、脸上长痘、太小气……自然，月薪八千以下为生存挣扎的人不太可能是灵魂伴侣。这个灵魂伴侣一般会有良好的修养，体贴的个性和心有灵犀的默契。最后，她们会满怀期待地说：“如果有这样的男会员一定要介绍给我啊！”我们几个年轻的女编辑都风中凌乱了：如果发现了这样的男人，还不够内部消化的！“不！”她们又坚定且不屑地说，“我并不是要你们说的那种万人迷，我要的只是在冥冥之中为我量身打造的那个人，那个命中注定的人。”

一个案例的类似情况在后来反复出现：某女，工作一般，一个月挣三四千块，长得路人甲，谈吐也乏善可陈；她不断地向我们描述“那个他”，就像《冰河世纪》里那只执着的松鼠描述着那颗泛着诱人光泽的松果。我听着听着就恍惚起来。如果一个勉强不会淹死的人说要去拿奥运会游泳冠军，他自己都会觉得好笑。但再平凡的女人，都不会认为自己的爱情梦想好笑，而且，她坚信这是完全可能的，因为，“这就是爱情啊，能产生一切奇迹的爱情啊”。

最初几次，我们还会盲目鼓励这样的女会员：是的，你不必轻易妥协，一切皆有可能，缘分还没到。后来我不得不承认，除非她们说的那个“灵魂伴侣”完全没有“灵魂”，一切才有可能。因为她们的“爱情奇迹”包括：一个有些钱、有些闲、有些情趣还不能丑的男人，既不因她普通的相貌和才能而忽略她，反而因她任性的脾气而喜欢她，最后还因为她那空洞塞满幻想的大脑而对她着迷、不能自拔。

她们滔滔不绝地说，她们用全身心的真诚在等待一份值得她们拥有的爱情。嗯，可以想象，那样一份爱情的出现，就像一颗又大又罕见的松果，会给她们的生活带来香甜的气息和令人羡慕的装饰，一扫原有的单调、匮乏和尴尬，如果还能顺便让她们衣食无忧就更好了。她们如此真诚而迫切地等待着，甚至都感动了自己——可是她们并不着急让自己改变和提升，哪怕是一点点。

于是，我知道我那“很单纯、很努力”的方向错了，要解决她们的难题，需要做的远远不只介绍对象和心理建设这么简单，那是电影《窈窕淑女》里示范的庞大工程。比如，逼她们对自己狠一点，有更体面的收入，学会挑选衣服、打理妆容，还得多和男人接触，了解男人的真实想法，认清自己的局限和需求……听到这里，她们会惊叫：天哪，爱情怎么可以这么功利！

爱情就是这么功利。不愿意相信爱情功利，常常是不满于自己的处境，又缺乏动力和能力去改变，只能寄望于一生中唯一可能出现的奇迹——那个叫“爱情”的玩意儿。地球上满是狗尾巴草，狗尾巴草只能长出狗尾巴花，结不出松果来；哪怕一棵狗尾巴草再怎么虔诚地信仰松果，也做不到。世界上没有哪个人、哪个神能做到这一点；爱情——这个全世界信徒最多的宗教，也做不到。也许有一天她们会哭着说：“爱情欺骗了我！”

你很难比张爱玲和简·奥斯汀更幸运

《没有灵魂的“灵魂伴侣”》说的是尚且为生存挣扎的女青年，而有一群单身女青年的境况比她们好多了：她们经济独立，甚至比大多数男人收入更高；她们有见识，爱文艺，每年安排自己做瑜伽、读书、旅游；她们不遗余力地改变自己、完善自己；她们想要的爱情脱离了经济的依附，一直寻求在精神与生活上都精准契合的人。她们有个永恒的疑问：“为什么即使这么努力、这么独立、这么精彩，还是遇不到那个人？”

或许已经有很多人说你要求高、放不下身段、挑花了眼……但我不会说，因为这都不是爱情的真相，可真相不一定是你想要的。

我想，有两个才华与见识都非常强大的女人有这个问题的答案。

第一个是张爱玲。全世界都知道她那段糟糕的恋情，胡兰成确实风流花心，可是看过《小团圆》的人就明白，这两个人是真心相爱过的。在她那时间的无涯的荒野里，在她见到的千万人当中，张爱玲只遇到了这么一个最懂她、她也最愿意去懂的人，只遇到了这么一个和她才华与情趣都相投的人。可是多么遗憾，他无法满足她的需求：他无法只爱她一个人。她最喜欢的男人并不能做个好爱人，她认清了这个现实，留下一句“我已经不喜欢你了”，不再纠缠。后来呢？她和一个美国三流作家结婚，为生计奔波流离，在瘫痪的丈夫死后，她一个人离群索居将近三十年，一个人安静地死在公寓里。

第二个是简·奥斯汀。她一辈子没嫁人，只在20岁时和一个年轻律师有过一段初恋，但这两个年轻人的家庭都要求他们找经济实力更好的婚姻对象。他们就这样分手，那个男人后来娶了门当户对的姑娘。简·奥斯汀对金钱的认识很深刻：“没有什么能阻碍一个经济独立的男人。”她看起来并不怪她的初恋，在那个年代，很多年轻男人要依靠家族才能有优渥的收入；她也足够理智，不认为一个男人为她背弃家庭和她一起私奔是可取的：“没有什么比贫穷更能毁灭一个人。”

这就是简·奥斯汀一生唯一有迹可循的恋情，有人说，是他给了她坚持写作的信心。她或许有过遗憾，她曾经在小说里写道："……这段良缘已经化为泡影，这使得千千万万的有情人无法从中领教什么才是真正美满的婚姻。"她知道爱情不是万能的，不过在她所能控制的故事里，仍然描写了人类可能有的最匹配的爱情。

两个以写爱情故事为生的女人，一个独居了大半辈子，一个独身了一辈子，能说张爱玲和简·奥斯汀幸运吗？幸运，她们得到了文艺女青年说的那种"精神契合"的爱情。有一种爱情，是两个丰富的灵魂之间的对话，这非常罕见。第一，一个人如此值得被懂，本身就很难，多少人一辈子也就像一碗白开水—— 一眼看到底；第二，一个这样的人在她/他的有生之年能遇到和他/她同量级又能相互吸引的对手，更难，简直是可遇不可求。这样的爱情，像太阳那么刺眼，确实让世间大量柴米油盐、相濡以沫的相处都相形见绌。所以，如果你追求的是这样一种爱情，就要做好准备：你或许根本就遇不到。因为：第一，你可能不值得拥有；第二，概率太低。从这个角度说，张爱玲和简·奥斯汀比很多人幸运。

当然，如果你硬要用故事的结局和改造男人的程度来衡量一段感情的质量的话，她们都不算幸运，你甚至可以同情地说：她们遇到了两个浑蛋！所以真正的幸运在于，上天给了张爱玲和简·奥斯汀足够的理解力，让她们不会问“我为什么得不到好爱情”这种蠢问题。

好姻缘不是上天的标配，不是一个人有才华、有决心、自食其力而偏偏没有完美爱人就可以撒娇赌气，仿佛受了多大委屈。除了爱情和婚姻，她们还有很多事可以做，她们做了一些很多谈着恋爱结了婚的人永远做不到的事：她们有自给自足的精神世界，不奢望命运对她们的格外青睐；她们过着平静有尊严的生活，不像一个穿着大人衣服的婴儿那样哭闹只求有人爱。

她们也从不自怨自艾什么“女人是不是不该太成功、太独立”“孤独是对优秀女人的惩罚”“男人眼光太差，他们最喜欢的就是胸大无脑的女人，我能怎么办啊”之类的话。我的友情建议是，如果打出了“不愿将就”的口号，就表现得更彻底和更有骨气一点，少说这些话，否则只会显得急不可耐地想找人将就而不能。

古老的敌意

里尔克，就是那个写着“谁此刻孤独，就永远孤独”的诗人，在一个叫波拉的女画家死后，为她写了一首长长的《安魂曲》，其中一句是：“生活和伟大的作品之间，总存在某种古老的敌意。”

里尔克的妻子克拉拉，是波拉的好友，也是一名画家。克拉拉和波拉这两个美少女第一次在一场聚会中同时出现在里尔克的生命里，惊艳了他。里尔克在日记里写道：“我推开窗，她俩成了奇迹，向窗外的月夜探出头去，一身银光，月光冰凉地抚摸着她俩笑得发烫的脸颊……”里尔克更喜欢的是波拉，但他娶的是克拉拉。翻译里尔克作品的北岛说，其中原因，也许正是基于这古老的敌意，里尔克不愿破坏理想的影像。

或许我们可以改写，“在生活和一切你神往的事物之间，总存在某种古老的敌意”。爱情，肯定是其中之一。

我们可以和无关的人嬉闹调笑，却常常和心中最在意的那个人保持紧张的距离。你应该经历过这样的爱情，它像一头怪兽，以锋利的威严和庞大的阴影压迫着你，衬托出你的自我是如此单薄和卑微，单薄如寒风里发抖的枯叶，卑微如皇帝面前的穷人。不知为何，你的自信与勇气瞬间全无，只剩转身想逃，然后停留在安全的区域。从电影《情书》里那个初中少年在喜欢的女生面前总是一副生气的模样，到张爱玲的“她遇到他，变得很低很低，低到尘埃里”，无不如此。不是具体的那个“他”或那个“她”，让他们变得这样恐惧，而是那和生活保持着敌意的爱情。爱会让人瞬间自卑，几乎是个不争的事实。

生活的范畴是习以为常的、可控的，你可以按社会的标准行事，它让你舒适；生活的对面，是你不熟悉的、无法控制的，你迷惑而无知，它让你惊恐。爱情就是这样一种力量，它把你拉离生活的习以为常，让你面临兴奋、无措、震撼，还有恐惧。

为什么恐惧？我们有渴望，渴望得到我们想要的东西，可在渴望的更深处，我们反而害怕得到我们最神往的事物。

这就是古老的敌意。奴隶最向往自由，但也可能最害怕自由。一旦有了自由，他熟悉的生活将被打破重组，他面临的是全新的无知，他并不相信自己可以适应这种无知。况且，在他的全部生命里，自由构成了他生活的彼岸，让他的精神有所依托、有所期待，万一，真相是：自由根本就不如他想得那么好呢？最后，得到了自由以后，他还将拿什么来期待？

史铁生说：此岸必须是残缺的，否则彼岸就要坍塌。我们通过选择残缺的此岸来维护一个完满的彼岸，听起来很诡异，可我们每天都在见证和实践这样的选择——否则不能解释为什么很多人有拖延症，宁可活得庸碌无为，也要想方设法阻碍自己抵达梦想。

电影《心灵捕手》里那个心理医生则认为，健康的人生应该消除这种“敌意”，也乐观地相信有消除的可能。在心理治疗中，他问那个天才的年轻人：在恋爱吗？天才回答说：是的，但有点不敢进行下去。医生问：为什么？天才说：现在她很完美，我不想破坏。心理医生说：或许是你认为自己完美，你不想破坏……这是极好的哲学，可以一辈子不认识人。于是心理医生讲了自己的一个故事：他的太太放起屁来超厉害，一次，他被太太的屁惊醒了，接着，他家的狗叫了起来，最后，太太自己也被弄醒了，问他，是不是你在放屁，他说是。

这个心理医生能接受他最爱的女人放响屁，李敖却不能接受他认为最美的女人坐在马桶上。有的人能把彼岸和此岸特别巧妙地融合在“生活”这一锅大粥里，可有的人就是不行，他们宁可将爱情排除在生活之外，也要保留他们定义的纯粹性——是不是有点变态？但我不会如此妄下结论。

有的人，需要“古老的敌意”，将他们的世界划成两岸，相互观望。《情书》里的男藤井树并不是找不到女藤井树，但他宁可和一个长得相像的更安全的“复制品”在一起。有的人，就和那个天才一样，之所以害怕自己神往的人或爱情，是因为对自己也特别苛刻——他们不愿意暴露和直面自己的缺陷——他们不信任自己，更不相信会有人真正爱自己。

爱情，并不是一味甜腻可口的，它引诱出你内心潜伏的恐惧。恐惧，才是爱情的主题，它如影随形，像一口深井一直在你背后，幽暗地望着你。当你无法克服恐惧时，无论你看起来多么想要拥有，你已经向自己证明了：你并不真正想拥有，或者，你不值得拥有。

传奇落幕之后

如果，在你的亲人圈、朋友圈或者同事圈里出现了以下八卦绯闻，你会如何看？

一、一个18岁的高中女生喜欢上了她43岁的老师，这个老师曾经结过婚，但妻子已经去世。

二、你那高富帅的老板竟然是个gay，最近出柜了，经常和一个年轻男人在公开场所出现。

三、你的闺密，背着她有钱的男朋友，最近和一个艺术学院学画画的男生偷偷约会。

四、一个26岁有4个孩子死了丈夫的女人，和一个16岁的小伙子私奔了——十年前这个小伙子6岁时，她还是别人的新娘子，他还叫她“姑姑”。

不要怪我把这几个故事放在一起，它们都可能是传奇。第一个是琼瑶阿姨的初恋传奇，第二个是《断背山》里令人唏嘘的故事翻版，第三个是《泰坦尼克号》的男女主角，第四个是徐朝清和刘国江的传奇。

到处都是传奇，可不见得都有这么圆满的收场。这些传奇的开头，舆论都拒绝承认这是“爱情”，反而带着鄙夷和唾骂，把它当作一个笑话来看。不同的是，一个笑话若能坚持五十年，那就换了天日，变成了人人膜拜的传奇。

可是，我们能不能不那么势利，完全以胜败来论英雄？如果一个女人像徐朝清那样豁出勇气和一个小自己十岁的男人私奔了，结果发现选错了人，勇敢地离开他，开始新生活，你是否能做到不嘲笑她？

每个爱情传奇，衬托出的，往往是众人的鲁莽和妄下评断。徐朝清和刘国江的传奇至少告诉了我们一个简单的道理：爱情，就是一件很私人的事情，谁也管不着，谁也没权利管。把如此私人的爱情逼得无处落脚，只能逃到深山老林里，逼迫者一点也不光荣。

那6000多级天梯是什么？不是超然物外，而恰恰是想和这个世界联系与对话的渴求。

不要再无限美化那世外桃源、不食人间烟火的大山里的爱情。让你去贫瘠的山里住上一个礼拜，看你是不是还愿意继续住下去？你自己做不到或不愿意做的事，为什么认定别人做到了就是浪漫？这是个奇怪的逻辑。

看看他们的采访，镜头里，说到第一年刚到山里，他们最大的难题是食物，80岁的徐朝清隔了半个多世纪回忆起来仍掩面大哭，因为太艰难了，他们只能找各种野菌充饥。光那简陋的小房子上的瓦片，他们就烧了两年。两人一共有7个孩子要养活，生存是他们的主题。很快，孩子需要下山读书了，几年后徐朝清太想娘家人，也需要下山，这才有天梯的出现。“与世隔绝”并不是他们想要的。

天梯成名之后，很多人慕名前往，去探寻他们心目中真正的爱情。我喜欢刘国江和徐朝清之间的爱，他们眼里对彼此的关怀、欣赏和笑意都是那么真实，而且我也愿意相信，他们即使不在深山里生活，仍然会有这样的深情。如果爱情需要隔绝诱惑和物欲才能坚持，那这爱情便没有什么特别不一样的地方。很多人喜欢说“快餐时代”“物欲横流的社会”杀死了自己的爱情，他们无比崇拜这种清净的、没有物欲纠葛的爱情。如果是因为持这样的想法才去仰慕天梯爱情，那么我想是误解了爱情。爱情在任何地方都能开花，并不是穷人的爱情之花就更天然纯粹一些。让这段天梯爱情特别美好的，是他们的勇气和坚持，而不是贫瘠和与世隔绝的环境；恰恰相反，他们自己一定希望过得更富足一些，能早些和亲人说上话。

说了这么多，并不是不尊重徐朝清和刘国江两位老人，相反，正是因为尊重他们敢于捍卫自己爱情的勇气，体恤他们在深山里生活的艰辛与不容易，才不愿看到这么多人为了感动而感动。如果你只是需要一个传奇来感动自己，那去看小说和电影好了。但是我，宁愿他们一开始就没有被逼上山，在他们大好的青春和时光里，用不着去修那6000多级的天梯。难道他们要用这样极端的方式才能得到世人对他们“爱情”的谅解和祝福？

你总说这个世界在毁坏你的爱情，在为他们的爱情感动之余，你其实可以为“爱情”这种东西做得更多一些：尊重他人（包括自己的亲人、朋友、同事，哪怕是不认识的陌生人）的爱情，不随意挥舞道德大棒。这可能会少一些传奇，但这世界会多一些宽容和幸福的人。

鸟不会去复制鱼的浪漫

在社交网络上我喜欢关注一些“毒舌”——要在虚假的泡沫堆里说一点真话，免不了要承担“毒舌”的恶名。

有一次，我看到有人问一个“毒舌”：“为什么玫瑰成了爱情的象征？”他回答：“因为廉价。”我大笑，觉得很过瘾。是的，首先，“表达爱必须用玫瑰”是商家与大众传媒合谋的结果，本是极其个性化的爱情因此有了标准化的仪式；其次，如果是另一种过于昂贵的商品，又会导致人们心有余而力不足，难以被大众接受，所以，人人都买得起的玫瑰自然是最佳选择。

就像从小被教育“日本鬼子都该杀”一样，我在年少恋爱时也无比憧憬男友送我玫瑰，否则，就认为他不爱我。在我多次的旁敲侧击之下，我终于收到了一束玫瑰，可在玫瑰花枯掉之前我就发现，这种礼物极其乏味，它的花香其实有点臭，而我其实一点也不喜欢玫瑰——可我还无聊地要求一个男生用它来表达他爱我。后来，每年的情人节我都能在地铁里看到无数被挤得变形还高举一束红得发黑的玫瑰花赴约的男生，就有点心酸地想着，还是有这么多男男女女和当初的我一样啊，喜欢一种标准化的可复制的爱情。

是啊，可复制的永远是最省事的，无论是人生还是爱情。

在做情感栏目编辑的几年里，我接触到许多“教人怎么谈恋爱”的书籍和帖子，里面的主语永远爱用“男人”和“女人”，仿佛在爱情里，你不是你，而是一类人，然后亘古不变地遵循一些诸如“女人最喜欢的浪漫礼物”“好男人要做到的10件事”“这样表白让女人最动心”的规律和道理。可是，在爱情里，若你不是你，若抹去了你独特的喜好与经历，抹去了你的爱与怕，你的爱人看不见“你”，只能看到一个和这世界上35亿女人/男人雷同的女人/男人，这是不是有点悲凉?

独一无二的人，本应拥有独一无二的爱情。所有的浪漫都应与爱情主体迸发的天性有关，就如一只鸟从不会复制一条鱼的浪漫。温暖的人会让爱人感受到温暖，自由的人会让爱人领略到自由，有力气的人可以跋山涉水，有灵感的人可以写一首小诗。爱情，最不该让我们的想象力枯竭，走上一条流水线的单行道。

有想象力的爱情，一切都那么自然。比如《走出非洲》里最动人的画面：丹尼斯邀请凯伦上他的飞机，他们飞翔在广阔的非洲大陆之上，俯瞰成群的野牛在广袤的平原上迁徙，巨大的河流上惊起上万只白色水鸟，他们穿越云雾和阳光，尽情打量上帝的杰作。就这么简单，他爱她，他不会用任何其他人鼓吹的方式去取悦她，他生命中最美好的体验就是“从上帝的视角看这个世界”，那么他便将这份奇妙的礼物与她分享。而她，因为他，见识到她以前从来不知道的壮美。他们的世界都因对方而变得更有想象力。

人们常常把爱情和艺术放在一起谈，因为在爱情中可能是普通人这一辈子最接近艺术状态的时候：痴狂、无理性、像个诗人一样有无穷无尽的激情与创造力。可多少人把这激情与创造力献祭给了商业计划和偶像剧，像个蹩脚的编剧誊抄着一个被人抄烂的剧本，如此辜负爱情本身。

我有一个朋友喜欢画画，但她并不是很有天赋，然而她曾用两个月时间笨拙地画了七张画送给她当时的男友，每幅画的主题都是她精心挑选，在她心中有特别的意义。她说她后来再也没有画过那么多画，她也不再爱那个男人，但回想起他们一起看那些画的时刻，有一种真实的触动在他们之间流淌。

爱情给了我们做艺术家的机会：你邀请一个人进入你的世界，你借给他/她你的眼和心，你愿意让他/她看到一切你认为无比美好的事物。而那本来是孤独的、会瞬间消融的、从没有人知道的美好，因为爱情的分享，成为永恒，成为你和这个世界永远无法割断的联结——无论你和他/她是否白头偕老、是否结婚生子。可如果你没有自己的世界，你没有发现也没有创造，连对爱情的态度也是建立在众人的态度之上，那么这爱情比水中的月亮还虚幻，比白蚁侵占的木屋还要脆弱。如果一份爱情没有激发你一点想象力，而是任你在消费主义浪潮中和他人的口水里随波逐流，我甚至要怀疑你是否真的遇到了爱情。

因爱情做一些有想象力的事情吧，这样一些事情可以为你们创造另一个星球，把整个地球挡在门外；仿佛遨游在银河界，触手可及的是大朵瑰丽的星云，而不是10块钱3枝的玫瑰。那才是爱情应有的风景。

用来逃命的爱情

张爱玲的经典爱情小说《倾城之恋》，搁现在就是一对大龄男女相亲的故事。

女主角白小姐，年近三十，还和几个成家的哥哥一起挤在娘家——典型的旧式大家族，人人钩心斗角，连她的亲妈都把她当作“白吃饭”的累赘，她只能在夹缝中放低姿态，委曲求全。

男主角范先生，三十好几，富二代一个，可惜是私生子，虽然出场时已经得到了遗产，但受尽人间冷暖，玩世不恭，视婚姻为威胁。

白小姐本来是陪妹妹去相亲，范先生却看上了她，聪明的她当然要抓住这个救星不放，这个有钱男人能救她于水深火热之中。白小姐赌上后半辈子的名声和范先生在一起，期待能结婚，可范先生只愿意收她做情妇。她赌输了，但也没有办法，在那个家，她再也没有办法待下去了。到这里，张爱玲严肃地写道：“如果她纯粹为范先生的风仪与魅力所征服，那又是一说了，可是内中还掺杂着家庭的压力——最痛苦的成分。”

张爱玲的所有爱情故事里都有这一种“最痛苦的成分”——来自原生家庭的挤压与逼迫。她笔下的男男女女，都没有幸福温暖的家庭，相反，几乎所有家庭都是阴冷、自私、势利、貌合神离的。或者，这就是她的高明之处，她是高悬在众生屋顶之上的凛冽目光，能穿透那些粉饰的厚墙，穿过那些强颜欢笑的逢场作戏，直达亲情和人性的最真实处。

这一种“最痛苦的成分”，成了张氏作品里最独特的一种调料，也让她的作品特别上乘：别的女作家只谈面目模糊的爱，而当她谈爱时，同时在谈生活的真相。

我引用了白小姐的故事，只是为了说明，“白小姐”数量庞大地散落在我们之中。中国的家庭和七十年前相比，自然是要现代一点了；但无爱、麻木、将就、半死不活、死要面子、攀比倾轧、互相控制的家庭，仍然占很大比例。有一些人，在自己的家里从未感受过爱和温暖，甚至感到压抑和窒息，所以他们长大以后，本能地想要逃离。

白小姐是有意识地要挣脱那疯狂的家庭，很多人却是无意识地、像无头苍蝇一样逃入一段又一段感情之中。比如我身边的某小姐，生于一个重男轻女的家庭，父母对弟弟永远比对她上心，她看起来毫不介意，却在长大后陷入一段又一段的错误恋情中，因为她无法抵抗任何一个烂男人对她的好。又比如女明星阿娇，1岁失怙，很早承担家庭生计，貌似独立却严重缺乏安全感，她向记者强调她对男友唯一的要求是永远开着电话——“不能让我找不到他。”

“寻找爱情”于是成了天底下最大的一个幌子，用来遮盖来自原生家庭的匮乏与痛苦。这些人都有一个特点，就是对感情饥不择食，他们急于要承诺，急于要结果，急于要把一段关系当成一个大苹果囫囵吞下去，放在肚子里，就安全了；至于这个苹果长什么样，有什么味道，适不适合自己的胃，是最不重要的事。

他们求爱，常常会被“被爱”的形式所迷惑，而没有足够的时间和耐心去懂得“爱”和学习“爱”。就像白小姐一样，婚姻是他们的“救命稻草”。这种缺乏自省的盲目之爱又容易把这段新生的感情转化为另一个危机四伏的家庭。

所以，有时候，我们都需要站在镜子前，看看自己在求爱的路上，有没有被“白小姐”那逃命般的灵魂附体。不是每一个人都拥有健康、充裕、有爱的成长环境，正如上文所说，贫瘠缺爱的家庭占了很大比例。如果我们恰恰投胎到后者，那么，第一，我们要在本能逃命时意识到这一点；第二，要为自己谋划第二次“投胎”——不是婚姻，而是尽最大努力更新我们的认知，让自己成为一个能生产爱、辨别爱、经营爱的人。

第二次“投胎”当然会很艰难，甚至需要很长一段时间，可是真正的好东西都不是那么轻易获得的，不是吗？如果因为艰难就屈服，那么一个人就只能走在第一次投胎决定的既定轨道上，又制造下一轮的轮回。

不要轻易被故事的结局所迷惑。张爱玲给了白小姐一个最慈悲但也最恶俗的结局：1941年冬天，香港被攻陷，在生死离别中，范先生终于确认了对白小姐的爱，一座倾城成全了她的婚姻。不恶俗的结局呢？那当然是最贴近现实的：急于逃离原生家庭的白小姐，在那个女人谋生机会稀缺的时代，一直做着范先生的情妇，翻不了身。

与白小姐相比，现在的女人要谋生则容易多了——这个变化给了我们另一个启示：永远不要低估自己作为一个普通人的需求。当年正是一个个女人为自己争取做“结婚家”之外的其他活路，希望这个世界提供更多更好的工作给女人，恰好就帮助了这个世界走向进步。最后一段是题外话，但不得不提。

恋爱是最好的修行

宋涵：

冒昧打扰你。我读了你的《用来逃命的爱情》，里面叙述了“最痛苦的成分”，让我想起我的前女友。我成长于吉隆坡的一个小康家庭，家境虽然不富裕，但却是在父母的爱之下长大的。我22岁到上海上班，接触了与我之前截然不同的文化环境。在上海生活九年之后，现在回国了。

去年，我遇到了我第一个女朋友。她是KTV小姐，当时和她在一起，我的身份是客户，她是赚钱的。阴差阳错下，我们在一起了，她20岁，我32岁。

她是一个在不幸亦不负责任的领养家庭中长大的孤儿，习惯性撒谎，习惯性任性，习惯性自私。我自问是否能接受这样一个女孩作为我人生的另一半，经历了好几次分手，我妥协了。我想让她去读书，过个两年看她是否有改变再做决定。

她曾经背着我在外和其他男人胡搞（不是金钱交易），我看在她的成长背景及年轻的份儿上原谅了她，她种种的不懂事，我亦原谅了她。我认为这些都不是她的本性，原是生活所逼迫造成的。

之前，她背叛我之后，我们复合的第一个夜晚，我问自己我在干吗，为什么我会和她再在一起。三个月前，因为争执（消费观念）我们最后一次分手了。

分手之后，我依然对她依依不舍。我明明清楚按正常逻辑来看，她压根儿不是适合当我未来另一半的人，但我心里就是想她念她（分手时觉得松了一口气）。

现在的我根本分不清什么是对什么是错。现在的我，什么都不想做。每天夜晚都不睡，白天睡。

我根本不知道我到底是怎么样的一个人。为什么人会留恋一段自知不适合的关系？

一个失眠的男人

一个失眠的男人：

如果上帝造人，原意是要创造出一个高度理性、精密运转的物种，那么，只能说他失败了。爱情，无疑就是一个最大的bug——由情欲驱动的“爱情”，常常会干扰人，无法做出最优化的选择。

让你睡不着的，是一个对自己的逼问：为什么会留恋一段自知不合适的关系？如果我告诉你，大约90%（这还是保守估计）的人都做过这件事——放不下那个自认为不合适的人，会不会帮助你在夜晚多睡一个钟头？

你的前女友是孤儿，这可能是一个人的致命伤疤：对世界不信任，难以与他人建立稳定的亲密关系。而你在32岁才开始谈第一次恋爱，爱情实践也来得太晚了一点。这会让你更容易钻牛角尖，毕竟，人到中年才有一次初恋，失了恋，要恢复过来，确实会比青春少年花费更大的力气。

你有你的善良，你认为她的任性和背叛“都不是她的本性，原是生活所逼迫造成的”。我不好判断她的行为与她那没法选择的成长背景有多少关联，但你的确是迷恋着她，因为我们总会主动帮我们爱的人找借口，无论他/她闯了多大的祸，无论他/她做了让我们多么不高兴的事。

可你终究只是个凡人，不是神，如果残酷的生活真的给她留下了累累伤痕，你无法消除，无法坐时光机回去更改，甚至也无法真正包容。这很正常，毕竟我们都是凡人。我们不要高估自己在爱情中拯救他人的能力。我写《用来逃命的爱情》，不是号召一个人去拯救他人，而是希望每个人都能进行反省和自救。易卜生说：“有时候我觉得这个世界就好像大海上翻船，最要紧的是救出我自己。”这句话很准确，可操作性也强，可以贴在床头，作为人生指南。生活如此不完美，但每个人都可以让自己变得更好、更可爱——这就是对这个不完美的世界做的了不起的贡献：这样每个人遇到可爱的人的概率都会提高。

另一个重要的建议是，不要逼迫自己去忘记一个忘不掉的人。有些人不能与你白头到老，但他/她会以占据你记忆的方式，成为你生命的一部分——而这，你是不能把自己的大脑当作电脑格式化的。接受这一点，你的生活才更容易继续。爱情是一种神秘主义，你无法搞清它所有的原理，但这又有什么关系呢？有的人你甚至瞧不起，但你还是被他/她干扰你的正常频率，这就是他/她的魔力，这又有什么关系呢？再傲慢的人，在爱情面前，都得心平气和地接受自己的短板与局限。

但你仍然可以做一些尝试：比如，成为一个更可爱的人，吸引更多的女孩，再多谈几次恋爱。至于你曾经的女友，她看起来比你更潇洒，在你眼里的“胡搞”关系，对她也许是成长和蜕变的必经阶段。她有可能是活在过去，但也可能完全懂得自我更新。我更愿意相信，她不会被不幸的出身困住一生，她只是在恋爱中摸索，终究会接近幸福，遇到比你更合适的男人——不幸的故事太多了，我当然不希望再多一个。

你说，“我根本不知道我到底是怎么样的一个人”，这句话说得好，这也恰恰是爱情的重要功能：让你重新发现自己。你失去了一个不合适的恋人，却开启了对自我和生活的重新发现，这就是你33岁的课题。有的人在18岁的时候提前修了这一课，而你，之前缺失了，现在补上这一课。每个人的出身不一样，但都要走到同样的路口，从这方面说，上天还是公平的。

祝好。

宋涵

永远不会失去的自我

在一次婚礼上，我遇到一个安静的女孩。我们都是新娘的好友，坐在一桌，就聊了起来，话题不能免俗地落在了恋爱上。她说："谈了几次，还是分手了。每一次，都是因为我觉得在爱情中没有了自我。我不能忍受这样的自己。"

看似文弱的她说出这句话，让我有些震动。然而我的内心起了波澜，更多是因为我在她身上看到了曾经的自己。

我不知道是不是有这样一类人，他们在"自我"的纠结上耗费了远远大于其他人的精力和元气；他们和"自我"郑重其事地玩着捉迷藏的游戏，一丝不苟地研究这个虚无缥缈的东西，有一种从一个牛角尖里挖掘出一个太平洋的气势和蛮劲儿。

回忆我第一次谈恋爱，浮上心头的并不是初恋的甜蜜，而是如同身陷白色大雾里的迷惘，那种踽踽独行的摸索。我仍然记得，最大的困惑是如何应对“自我”的强烈分裂感。在恋爱中，我有种很奇怪的感觉，以前的我是一个浑然天成的个体，现在却要容纳另一个人进入；就像一只悠然自得的蚌要接纳一颗突然闯入的沙粒，在自己的世界里磨合。我一向是个独立、我行我素的人，所谓美妙的爱情却让我乱了阵脚，我变得不像我了。“自我”面临了前所未有的危机，我不止一次想要逃离。因此，每一次分歧和吵架，我的脑袋里都会有一个声音迅速地越喊越响：“我以前不是这样的，我怎么变成这样了，都是因为他，因为恋爱！我——要——离——开！”

有好几年的时间，我都一直把爱情当作“自我”的敌人。

我像一只贪婪又警惕的猫，既虎视眈眈地要去尝爱情的味道，又小心翼翼地围着爱情打转，一有动静就炸毛跳开。因此我并不快乐，尽管我投入的时候很投入，但总有一个无形的固执的怀疑主义者在凝视着我，审判着我的言行和心理活动，制止我过分远离原来的世界。我从来不敢放松。

如今，“不要在爱情中失去自我”已经是一句人人都耳熟能详的话，每个人都能轻易地说出口，仿佛是可以写入爱情圣经的真理，我却渐渐对这句话产生了怀疑。关于“自我”，我有了更多的观察和想说的。

首先，当我们说这句话时，我们都默认我们是有“自我”的。然而，现实恰恰相反，很多人并没有自我，又谈何“失去”。很多人并不真正明白自己想要什么，能要到什么，如何过一种满足的生活；他们过得稀里糊涂，却突然在爱情里要捍卫自我，这多少透出些荒谬的喜剧感。

在现代的文明社会里，一个人要经历漫长的学习过程才能满足被社会接纳的门槛。大多数人读完大学已经22岁，读完研究生已经25岁，尤其在我们这儿鼓励“不闻窗外事”的教育氛围里，一个人的“自我”最早也要到25岁才会勉强形成——没有接触过社会万象的“自我”，只是空中楼阁的一个幻梦。

可以说，在25岁之前，口口声声强调的“自我”，多是一种偶然的先入为主，一种惯性的强大势力——就像一只刚孵化的小鸭子第一眼看到母鸡，就笃定地相信自己是一只小鸡一样。太年轻的“自我”，虽然热血沸腾、血气方刚，却往往是一种错觉。这也是为什么，现在的婚姻咨询师会建议人们推迟结婚的年纪，甚至30岁结婚也并不算晚；毕竟，很多人要在30岁才能形成相对稳定和成熟的自我——在此之前，那些“自我”还只是面包机前未出炉的面团，形状未卜。

因此，有关“自我”的规则之一是：不要过早地把“自我”当作壁垒。回忆我17岁的初恋，我对这个世界的认识其实远未成形，但我却死守着我熟悉的那个世界观，不容他人有丝毫的冒犯。我捍卫着可能完全错误的偏见，却将其美化为“不失去自我”。多年以后，不少我曾深信不疑的信念，都被我扔到了思想的垃圾桶里。

关于“自我”的规则之二是：你的自我可能有很多个。恋爱是神奇的化学反应，它常常诱发一个人所不自知的另一面。一个非常独立的女人，会在爱情中变得依赖无比、疑心重重；一个二十多年来一直彬彬有礼的男人，会在女友面前爆发他粗鲁的一面；一个严厉凶狠的男人，会在老婆面前嘟嘴、撒娇、卖萌。我们能说他们失去了原来的自我吗？不，这些都是他们的“自我”，虽然相互矛盾，却都属于这个人。有人说，恋爱以后，就失去了自我，会无节制地溺爱对方，对方说什么都会听。你怎么看呢？我看到的，是他/她的“自我”里本身就有无理性的成分，这个不顾一切地陷入罗曼蒂克，甚至会孤注一掷、豪赌一把的人格，也是他/她的一个自我。

爱情不会让我们失去自我，爱情只会让我们发现我们以前不知道或不愿意去面对的另一个自我。

“自我”的规则之三是：自我是流动的、非僵化的。“自我”既受到许多客观条件的约束，但绝非一成不变，也会因自我意志的磨炼而变得更完善。“自我”一开始都是一粒原始的种子，你却不能误以为这就是你一生的样子。因为，你还远远不知道，假以时日，这颗种子会长出什么来，也许会长成鸢尾花，也可能长成一棵榕树，或者墨西哥大仙人掌。它一定会变，你没有办法捂住它，让它一直保持原样。从未背叛过自己原来模样的种子，只有一个可能：它是一颗死种子。

常常担心在爱情里失去自我的人，可以放轻松一点：就算你会失去一切，你也不会失去自我，自我只会变化，但不会消失。你要面对的其实是另外的问题："自我"变了，你能接纳它的变化吗？你希望它变成什么样呢？

每个人都怀揣着"自我"。你怀里的自我，是玻璃缸里的金鱼，生怕一碰就掉在地上再也无法补救；还是更像一只兔子呢——这只兔子会长大，会蜕变毛皮的颜色，甚至会跳出去撒野，但它永远属于你。它机灵好奇却不改初衷，它只是想要拥有更多的视野，保持对这个世界最真实的判断——哪怕，真实意味着，推翻曾经自以为是的真实。

我见过你最丑陋的一面

一个单身男人对众人说，他的择偶标准之一，就是早上睁开眼睛，不会被没化妆的妻子吓醒。

胆量这么小，难怪一直单身。和亲密关系里最狰狞的可能性比起来，一张睡眼惺忪的素颜脸算是十分亲切可爱的了。

尽管情感专家一直教育我们，在一段稳定的恋爱或婚姻关系中，也要时刻保持经营的心态，展现自己最好的一面，但是，“最亲密”总是意味着“买一送一”的规则：你享有了这个人最好的，同时，也要面对他/她最坏的。否则，怎么叫最亲密呢？

朋友不算最亲密的角色，因为有着恰当的距离，我们在朋友面前常常是温情有礼、情绪稳定的；但在爱情里就不一样了，一个最甜蜜的可人儿，会在瞬间变成一头面目最扭曲的咆哮怪兽。问世间情为何物，就是这般的冰火混合体，这般的矛盾与迷惘。

有一次和几个闺密聊天，我们谈话的主题是：和他最惨烈的一次吵架。从这个话题就可以看出，这是一个骨灰级的闺密团体，因为一般级别的“闺密”大多也就分享一下“老公带我去哪儿旅游”“情人节男朋友送了我啥”这样的炫耀帖。于是你就可以看到几个端坐着喝着咖啡的女人将那惨烈的场景娓娓道来：

A说，闹得最凶的那一次，男朋友一脚踹开了她紧锁的房门，她看到一个满眼血红的人，当时的感觉就是，从来没有认识过他，一个那么遥远的陌生人。

B说，她把厨房里的碗一个一个狠狠地摔下去，地上全是碎片，她完全控制不了自己，虽然摔陶瓷品是那么老的桥段，但她内心疯狂的破坏力，还是驱使她砸烂了最后一个碗。

C说，她最气愤的时候，把结婚证撕成几条，看着对方同样愤怒的表情，有一种变态的报复感。

…………

在爱情中，我们一开始都是着了对方的迷，被他/她的阳光、大方、温柔、体贴所吸引；等到两情相悦、互相驯养，却在不知不觉、不动声色当中驯养出了各自的小恶魔。总有一天，你一定会见到对方只有在你面前才会脱缰的最丑陋的一面。

我刚毕业的那一年，在一栋公寓里租了一间小单间，在走廊的尽头。有一次回家，我经过长长的走廊其中一个房间时，它的大门敞开，满屋狼藉，像刚刚刮过一次龙卷风，里面坐着一个披头散发的女人，一脸泪痕，妆容败落、神情凶狠地望着一个男人。怨恨与绝望的气息从那个房屋里幽幽地散出来，让人不寒而栗。

我当时就在心里说：天哪，我要是有一天变成她这个样子，就再也没有脸面让男人继续爱我下去了。我当然不能预见，有一天我也会在大街上对我曾深爱的男人拳打脚踢，像个二百五的泼妇。

年少时我们将爱情视为那么纯粹的东西，以至于一点瑕疵都能让我们放弃。可是渐渐地，你会发现，那些之所以长久的感情，并不是完美无瑕，而是在见到了对方最丑陋的一面过后，仍然愿意伸出拥抱。就像古老的童话里，你愿意亲吻青蛙和愿意陪伴野兽的那种隐喻。你愿意安抚他/她偶尔闪现的恶魔，是因为当你平静下来，你懂得他/她的无奈与悲伤。电影《十二怒汉》里，有个人在火车上喝得烂醉如泥，挑衅乘警和乘客，周围的人都躲得远远的，一个几岁的小女孩问她的妈妈："妈妈，这个人是不是疯了？好可怕。"她的妈妈说："不，他没有疯，他只是非常伤心。"

这一点慈悲之心，并非凭空产生，更多的是来源于，有一天你会发现自己其实也是如此不完美，也有那么多的局限，也有脱缰和丑陋的一面，然后，你不再苛求对方和自己。两个不完美的人，由此拥抱，达成和解。有时候，这一刹那的和解，就足够两个人过个三五年的了。

性感女神梦露说："如果你不能应付我最差的一面，那么你也不值得拥有我最好的一面。"这句话也适用于任何一段亲密关系。要将爱情进行到底的人，千万不能有一颗玻璃心。

爱情这玩意儿，胆小者勿近。

幸好爱情不是人人有份

宋涵：

你好，偶然在财新网上看到你的文章，真的深深触动我了。突然感觉到，自己原来并不算是真正活着，或者说生命是不完全的。其实，我也很想有自己的爱情，毕竟26岁了，还没谈过女朋友，也是挺羡慕人家情侣的。我从小性子比较闷，不怎么活跃。我以前有个同事说了句话让我印象很深，她说在我身上好像永远看不见“激情”，属于年轻人的东西，我失去了。

半年前我来到北京做了北漂，很孤独，人际交往是我的弱项，和公司的同伴好久才熟悉起来。我也很想有一个和我一起奋斗、相依相偎的人，可是……现实没有那么美好。每天一个人赶地铁，一个人吃晚饭，一个人入眠，或者是难以入眠。

最痛苦的是周末的时候，一个人去景区散心，突然发现自己身边连个伴儿也没有。我感觉自己不会爱了，遇到女孩子不知道聊什么，有时候会很尴尬，我也想和她们做朋友，可是总在感情方面显得很“笨拙”。

爱情对我来说好像越来越远了，我不知道该怎么面对感情。现在的我，只能选择遗忘那些想念的人、想念的事，不去想感情；就想把自己的生活砍掉一半，好让自己没有那么痛，虽然是残缺的。

在老家的时候相过几次亲，都因为不知道怎么和对方交流和相处，最后无果而终了。我从小比较自卑，没有脾气。是不是应该改变这样的性格呢？毕竟，爱是需要自己去追逐的。我只是想说，自己到底该怎么面对生活和爱情，怎么去爱一个人、和对方交流，让她知道你的心意或者让她愿意和你交往。我真的不懂。

很冒昧地给你发邮件打扰你，希望自己的心结能早日解开。

祝，

工作顺利，文章越写越棒！

小朱

小朱：

小时候看几米的绘本，看到过一句话："爱情的花儿，不停地落下，有人一生应接不暇，有人终生漏接。"

这样看，爱情仿佛很不公平，厚此薄彼。可是，仔细想想，如果爱情是个滥好人，做一大锅饭，人人平均分配一份，那爱情是不是也太廉价了呢？那我们还会去花心思去追逐它吗？

爱情和任何一个有想法的正常人一样，有它自己的脾性和偏爱，不可能一碗水端平。从我的观察来看，相比起沉闷、被动、消极的人，爱情总是更青睐活泼、主动、努力的人。

可是我们经常会误解爱情的脾性，老以自己的标准去要求爱情。你在信里说的“我从小性子闷，从小就自卑，不知道该怎么面对爱情”，就有一种“我从小就这样，爱情为什么不肯迁就我”的偏执与自负。

类似的句式还有：“我就是没钱没前途/我就是脾气臭/我就是不会讨女孩欢心，不爱就拉倒。”于是爱情就说：“拉倒就拉倒！”爱情又不求着你，得不到爱情的痛苦，是你自己在尝。

一千个人有一千种对爱情的期待，有人希望对方是紫霞仙子，有人希望对方是至尊宝，有人希望对方有36C的胸围，有人希望对方会讲笑话。但爱情降临的规律大致是差不多的。有实力、有趣、好看、温柔、生动（至少占其中一种吧）的人总会沐浴在更多的爱情之花当中。

如何知道自己对爱情抱有不切实际的泡沫期待，让它对你避而不见？有一个简单的办法，那就是问问自己：你喜欢什么样的人？如果你不会喜欢上一个躲在自己的壳里、要拼命敲打才有点反应的人，那么你为什么还在幻想有人会喜欢上躲在厚厚的壳里、问着“我是要改变呢还是不改变”的你？你一直这样也没关系，反正爱情就一直离你远一点好了。

爱情的本质是两个人的互动。当然也有像“水仙花男神”纳西斯爱上自己的人，还有宣扬和自己结婚的人——如果这也算一种狭义的爱情，那不在这里的讨论范围之内。能展现自己的好，能表达爱意，能给予，能有所求，是滋养一段关系的前提。拿一只猫来打比方吧。我养过一只孤僻的小猫，它喜欢独自站在窗台看云来云往，我喜欢它也怜惜它，但我也不得不承认，当小猫偶尔依偎着我、向我撒娇、逗我玩、对我发出“咕噜咕噜”或其他表达情绪的声音时，当我们一起嬉戏时，我会感觉和它的感情更深厚一些。互动是两者关系的精华，不同于一个人YY时的自high。爱情是双人舞，是融合了交流、理解、调情、放松、坦诚、激情的艺术，过于单打独斗的人很难掌握。

你的问题，关键还不在木讷与笨拙。我见过一些不善言辞的人，但他们有独特的魅力和行动力，也可以拥有一段或数段真实而深刻的爱情。你的过分自卑可能才是硬伤，让你害怕改变、害怕真正的爱情，同时也让你的生命沉闷到寸草不生。一个寸草不生的生命，很难去吸引另一个生命、发生共鸣。我的建议之一是：自卑没那么可怕和强大。阿德勒说，自卑是每个人带有的原罪，这世上没有一个完全不自卑的人。我的观察也是如此。只是有的人能超越自卑，有的人被自卑压垮。这要看你的选择。

第二个建议更实际一点，需要你做一点功课：在现在的阶段，谈恋爱之前，请至少有一种能让你全身心投入的爱好，以及，至少知道你会被什么样的人所打动。有了这些准备，你就在学会爱上这个世界，也有了具体的向往，然后你可以不只是停留在行尸走肉的状态里，而是先活起来、动起来。

我现在认为，幸好爱情不是人人有份，幸好爱情更青睐那些能诱发他人向上和向善的人。许多人是为了让自己配得上一段更好的爱情，才对自己有更多要求。爱情是一根美妙的杠杆，让更多人成为更好更生动的人，而不是让世界一味地在丑与恶、单调枯燥里沉沦。

祝，真正地活着。

宋涵

动什么别动我的爱

樱小桃从小就是一个爱嫉妒的小女孩。6岁时，她看到妈妈亲一口小表弟，哭了出来。12岁时她开始学画画，最爱画眼神深邃的翩翩少年深情地凝视着一个像她一样的少女。她要仔细地描绘那对眼睛，不断地调节里面的光与影，以确保这灵魂的窗口“本足以容纳下整个宇宙，却只能容纳一个爱人”。16岁，读高中的她寻觅初恋对象，她的恋爱哲学是“不爱我的我不爱”。当时追求她的有三个男生，她选了一个在她面前紧张笨拙却又无比在乎她的男生，他每天给她买早餐，对她百依百顺。她也享受他的宠溺，然而却不能忍受有一天他在她身边还偷看别的女生——这简直是对她的侮辱啊，她大闹一场，干脆地甩了他。“老娘又不是没人爱！”

她不屑地撇撇嘴。

她说得对，读大学以后，只要她穿梭在人群里，就总能感受到异性的目光追逐着她闪烁。她不费吹灰之力就能得到那些渴求的信号，对于爱情这件事，她需要做的好像就只剩下两个动作：对比和挑选。20岁那年她接受了一个温和俊朗的男人，一个很受女人欢迎的男人。不知为何他迷上了她，这让原本就自信满满的她更添了几分自恋。而且一向聪明有才华的他竟然会为她变蠢，问出“你怎么会这么完美”的话。她一面诧异，一面还是得意扬扬，警告他：“我最大的缺点就是爱嫉妒，你只能把你全部的爱给我一个人。”他真诚地说：“我愿意。”

恋爱之后，樱小桃仍然会不自觉地延续之前的惯性动作：对比和挑选。她的嫉妒也并没有因恋人的忠诚而得到缓解，她开始嫉妒一切看起来比她得到更多爱的女人，不管这个女人是真实的还是虚构的。她看了偶像剧也会生气：那个“女猪脚”怎么可以那么幸运，她的男人怎么可以那么好？要是有女性朋友在微博微信上晒幸福，她也会生气：为什么他给我的惊喜这么少？和别人比，他算什么男朋友？

尽管她知道男友已经对她体贴备至，处处为她细心安排妥当，但她还是觉得不开心。随着时间的流逝，她发现自己并没有多幸福，或者说不比大多数女人幸福。她对男友越来越没有耐心，与此相反，男友却对她越来越依恋。“他离不开我，”她想，“可是，我还是要离开他。”虽然自认为太过冷血，但她还是坚决地分了手，在和他相恋三年之后。

“更好的爱情肯定还在等着我，我那时就是那么想的。”樱小桃坐在我的面前，回忆着她的故事。我一边听着，一边惊讶于她对自己的无情剖析。

分手之后的几年里，樱小桃又在她的备胎里先后挑了两个男人，经历了两段恋爱。总是隔靴搔痒的感觉，她每次都要的是200%的宠爱，所以即使那些男人能给她120%的宠爱，也平息不了她如蒸气般翻滚的需求。就好像心里有一个黑洞，要全宇宙最纯粹的爱才能填满。她对自己说，她要孜孜不倦地追求真爱，哪怕不惜伤害那些爱着她的男人。在她内心隐蔽的地方，悄悄藏匿着一种身为爱情赢家的优越感。

直到有一天，她在一座陌生的城市里看到了当年的男友，这个总是体面温柔的男人，在大街上为另一个女人整理围巾，表情仍然是她熟悉的宠爱。全世界好像暂停了一秒钟，有一道光打进了她的脑子里，她第一次发现，那个男人一直是幸福的。她突然想起，这个男人在被分手时也是毫无抱怨，仍然祝福她。她那精致的优越感第一次出现了致命的裂痕。

我好奇她的转变，于是细致地问了下去，以下是她的原话（我想我不用多补充任何一句了）：

“生命里注定会有几个瞬间，会改变你的一生，也许是遇到什么人，当然大多时候我们浑然不觉；也许只是上帝敲了一下你的脑袋。那一天，一定是上帝抽签抽中了我。

“真相是当海水浑浊汹涌的泡沫退去后，留在光洁的沙滩上那些坚硬的贝壳。那时，我看到的那个人，和我之前的判断全然不同。曾经，我在他面前是高高在上的，他就像一个对我百依百顺的奴仆。而那一刻，我看到一个男人，一个有爱的满足的男人，以及我自己，一个贫乏的担忧的女人。

“我谈过几次恋爱，但从来没有爱过任何一个人，我只是在对比和挑选，我只要求别人对我奋不顾身，却从没有体验过爱到奋不顾身的感觉。我看似永远在获得，然而本质上，我却在疯狂地乞求他人的给予；若没有这种给予，我就会陷入落寞的地狱。

“我一无所有，靠他们来爱。他们，随身携带着爱，给愿意给的人，也收回不再愿意给的爱。每次离开他们，我都会感到不适应和孤独，我必须要找另外一个人来接替他们的空位。而那些有爱的人，无论走到哪里，无论单身还是相恋，都是平静的，都具备幸福的前提。

“他们会伤心，但他们不恐惧；我也许不曾那么心碎过，但我恐惧得要死。我就像《白雪公主》里的那个后母，警惕和嫉妒一切要把我的爱抢走的人。只有那些宣誓对我永恒忠诚的人，我才会给他们贴上通行证，允许他们进入我的国度，而不管我是不是真的爱他们。但这怎么可能让我快乐呢？

“原来我才是最穷的穷人，我投入的每一分爱，都想要十分的回报，否则我就会感到巨额的亏损，于是常常露出葛朗台的嘴脸，尖酸而小气。而那些我曾任性地使唤的人，他们才是爱情里的豪门贵族，他们是富足的，从不捉襟见肘，也不会为自己的付出心疼到龇牙咧嘴、哭天抢地。

“我是怎么变成那样一个我，我不愿意多说。既然注定会被某些瞬间改变，那么，改变从任何时候开始，都来得及。我再也不愿意像以前那样，总是在等待一场大雨的降临；现在我知道，我自己就可以是一场大雨。”

想找一颗更有钱的精子

宋涵：

在财新网上看了你的文章，印象深刻：很现实也很真实，质朴却又实实在在地给人们建议。我也希望能够得到你中肯的建议。

我是一个城中村女孩，今年26岁，结婚变成了一件很重要的事情。我希望给后代好的条件，不管是体质上、智力上，还是生活条件上，所以大龄产妇不可取，年龄对我来说很紧迫。

我在大学的时候谈了一个农村男孩，父母极力反对，如果我们在一起，他们就要和我断绝关系，这让我备感压力。这个男孩本质很不错，大气，生活能力也很强，舍得为我付出，用第一个月的工资让我去了海口，也懂我知我包容我。毕业两年，虽然按揭买了房，可是手上一点积蓄都没有。和他在一起，结婚、装修的花销都让我心里没底。而且，我完全做不到不在乎别人的眼光。论学历论长相，我都不差。在大家眼里，我理所应当能找个条件很好的。我和他就这样，分分合合，无法定下，四年已经过去了。

分手期间，高中的初恋主动提出想要和我交往。他家条件很不错，我想你能理解我准备接受他的初衷。但他总以自己为中心：出去玩要离他家近，吃饭请便宜的团购，自己孤独了才会给我打个电话，从来不会听我抱怨，不把

为卵子找一个出路——“不能再拖”。

从小的穷带给你的是“怕”，不仅怕没钱，还怕各种各样的东西：怕晚婚，怕晚育，怕父母的威胁，怕别人的眼光，怕后悔。你就像一只被恐惧炙烤着的蚂蚁，在热锅上焦灼不安，短时间之内就要找一个比前男友更有钱的替代品。如此没有自信，就和那些害怕姑娘有一点金钱意识的男人是一样一样的。

能通过一段婚姻逆转自己不够好的出身，当然是许多人的愿望。我刚刚入职一家有千万名会员的婚恋交友网站时，有多年经验的老板就告诉我，她发现婚恋的本质是：“人性就是想高攀。”我当时还年轻，满脑子纯爱，表示不屑。后来渐渐知道，她的发现非常精准。然而即便人性如此，我们也要聪明一点，想一想可行性。人性还希望天下有免费的午餐呢，但也没几个人真的在大街上张开嘴，等着天上掉下来汉堡包。

擅长写为生存挣扎的女性逆袭题材的亦舒师太早就总结过，通过婚姻致富这条路，看似是捷径，却也要靠果断与决绝杀出一条血路来。你怕的东西那么多，连不相关的人都能影响你的决定；眼界也很局限，连工薪阶层都让你艳羡不已，实在不适合傍大款。除了向左和向右，一个人还可以向前。除了和鸡肋男友结婚或者满世界去找有钱人，一个人也可以有其他生活得更好的方式。不知道你有没有注意到，有的人不指望婚姻改变命运，只把未来寄托于自己的努力之上，乍一看，他们又笨又累，改变速度还慢，但他们的回报也高：至少在婚姻面前持有纯粹的尊严，想和谁结婚就和谁结婚，想不结也可以不结，不用患得患失，把自己逼成一只烧坏的蚂蚁。患得患失的人，不仅吃相难看，还经常鸡飞蛋打。看似又笨又累的人，反而很多是想明白了的人。

还是祝你如愿，早生贵子。

宋涵

全世界的钟表都坏了，你要重新看太阳

《黑客帝国》我看过三次，吸引我的是里面的哲学元素。特别是有关人的认识论的问题。

认识论是哲学的基础，也可以说是人类所有学科的基础。因为它的主要论题是，人能够认识和了解我们所处的外部世界吗？人能认识自己吗？通过什么来认识？感官，经验，还是有感官之外更高的“理性”？是否有真实的“第六感”？我们的感觉靠谱吗？“上帝”的存在需要论证吗？……

张爱玲在《流言》里说：

“我们总是先看见海的图画，后看见海；先读到爱情小说，后知道爱；我们对于生活的体验往往是第二轮的，借助于人为的戏剧，因此在生活与生活的戏剧化之间很难划界。”

这段话，给我留下的印象，甚至比她的许多小说更为强烈。

在她说完这段话以后的半个多世纪，小说这种形式已经不占主导地位，电视、电影这类影像文化，带着视觉、听觉和空间的感知，让生活和戏剧的界限愈加模糊。

当一个女孩吻一个男孩的时候，她和这个男孩之间，很可能隔着《乱世佳人》《罗密欧与朱丽叶》《冬季恋歌》等中的N个吻。她的脑子里，早已存在各种“吻”的影像。

当我们谈论爱情时，我们谈论的不是同一种东西。有的人谈的是《金婚》，有的人谈的是《重庆森林》，有的人谈的是《还珠格格》，有的人谈的是《暮光之城》。

《黑客帝国》就很聪明地体现了“信息”与“真实”之

间的区别。在那个虚拟的信息世界里，人可以品尝各种美食，而事实上，一个人眼前的提拉米苏可能只是一个叫作“提拉米苏”的程序而已，这个程序包括的信息有：松软可口的外观，诱人的香气，甜中略带苦的味道。只要这些信息被这个人的大脑所接受，那么，即使他吃的是一串数据和电流，也能感到甜蜜和满足。

我们被各种信息重重包围着，以致我们不能知道：如果，我们像祖先一样，第一次看到海，就看到真实的大海，不是图画，不是影像，甚至还没出现“海”的文字，我们会有怎样的感受和认知，我们会如何试图用语言来形容它。

我很喜欢观察一个小婴儿，是如何在大量信息干扰以前认识这个最初的世界的。然而，人最初的很多记忆都是会消失的。泰戈尔有首诗叫作《第一次的茉莉花》，回忆的是他在小时候，生平第一次看到茉莉花：

我生平有过许多快活的日子，
在节日宴会的晚上，我曾跟着说笑话的人大笑。
在灰暗的雨天的早晨，我吟哦过许多飘逸的诗篇。
我颈上戴过爱人手织的醉花的花环，作为晚装。
但我想起孩提时第一次捧在手里的白茉莉，

心里充满着甜蜜的回忆。

我觉得美极了。这种与世界万物最初的接触与认识，不是信息所能替代的。我们可以拿着茉莉花的图片，甚至一个九十分钟的《茉莉》光碟，告诉一个孩子关于茉莉的一切信息，却抵不过他小时候真的见过、摸过、嗅过，以及看到茉莉的这天，是阴天还是晴天，光线是明亮还是暗淡，空气是湿润还是干燥，“我”是在哭还是笑，是谁牵着“我”的手带“我”来看的，他或她又说了什么？这些都与那盆最初的茉莉息息相关。

我一直保存着我最初的记忆，无比珍惜。那或许是在我2岁以前，我记不清了。我不愿意用语言来描述。有种感受，用语言和文字一编码，就变了味道，那是我生命中最珍贵的东西，我不愿去冒险，不愿去翻动，只想小心翼翼地保持它原始的模样。有时候我一闭上眼，仿佛能回去，尽管有重重迷雾，但总算是一个有家可回的孩子。保留着对世界最初的感受，让我一点也不害怕有一天我将离去的事实。

我记得大学上“大众文化与传播”这门课，老师让我们上台演示PPT作为期末考试的作业。我借用了尼尔·波兹曼的一段话，在课堂上念：“自从钟表出现以后，人类就不再需要太阳来辨别时间，他们不再看天空的太阳了。”当时我有点起鸡皮疙瘩，念这么肉麻的话。到现在，老师教的已经被我忘得一干二净，而唯独对这句话记忆深刻。

现在一个小孩在5岁以前的认知速度，就已经超过祖先的几百年。我们早就不用太阳来计算时辰了，我们也早就不用通过星星来猜测“上天”对我们的启示了；我们对任何不懂的东西，都用百度和谷歌了。只是我总隐隐觉得，少了以前那种直接的联系，全盘接受由间接信息告诉我们的世界，总好像少了点什么。但我不知道究竟是什么。

在将来，无论生活工具如何更新换代，无论生活方式如何变革，我都可以断言，“爱”这个东西会越来越重要。因为在我所能想到的各种人类体验中，“爱”是最难由信息来替代的。是的，我们经常可以看到很多人都照着韩剧、琼瑶剧或者书店里的“爱情指南”乃至父母的教诲来谈恋爱，可是，你也常常会听他们说：“我不知道怎么了，我觉得他们说得都对，但在我这儿，就不是这么回事！”“我明白很多道理，可我控制不了我自己……”“这仿佛变成一个全新的世界，以前的规则都不起作用了！”

我也不知道“爱”是什么。我上面就说过，即使我知道，我们谈论的也不是同一个东西。但是，我发现，就是“爱”这么一个说不清道不明的玩意儿，却是在一个习惯信息认知的世界里具有最强有力的突破力量。因为在“爱”这里，你没法依靠钟表了，你只能直面太阳，体验原始的冲击，去寻找内心的回应。百度和谷歌也帮不了你。

我们为什么要结婚

判断人有没有完全变老的一个标志，就是看他/她还会不会追问“为什么”。

越是司空见惯的事情，一旦问出为什么，就越难回答。比如，人为什么活着？这个问题存在了几千年，衍生了无数哲学流派。而越是司空见惯的事情，就越可能隐藏着惊人的奥秘。比如，牛顿只问了一个“为什么苹果会掉下地而不是飞上天”，就发现了“万有引力定律”。

我们为什么要结婚？几乎每个人都在做的事，却又真难回答啊。

为了爱？这是很多人用来结婚的名义。荷尔蒙充足的年轻人很难静下心来弄明白一个事实：纵观人类历史，结婚极少与爱情有关。在古希腊，充满激情地迷恋一个人被认为是一种非理性的疯狂，与婚姻和家庭生活并没有任何联系；相反，希腊人崇尚柏拉图式的爱情，那是在两个男子之间的非性之爱。

在漫长的婚姻历史中，人们都是为了生育和财产而结婚。将浪漫的爱情纳入婚姻的必要元素，在英美也是近一百年才开始的潮流。看《唐顿庄园》就知道，即使在“一战”前，为了浪漫之爱而不顾身份地位，也是让人不屑的行为。唐顿庄园的伯爵，娶了家财万贯的美国富翁之女，就是为了维系庄园的庞大开支。先谈地位和财产的匹配度，再谈感情，这才是长久以来人们眼里正常的婚姻——结婚，只要有一点爱就够了。

爱情在婚姻中的地位越来越高，主要依赖两个条件：个人主义的发展和经济的发达。一个人只有摆脱家族和贫穷的控制，才有可能在结婚时，任性地只选爱情。如此看来，为爱结婚，是个人主义的胜利，是人类社会的进步，是我们身在好时代的福利。然而，我们不能忘记的是，因爱结婚的条件更为苛刻，而且不代表回报就高；相反，可能让人更失望。

社会心理学者莎伦·布雷姆通过大量的案例追踪，在《亲密关系》中揭示：基于爱情的婚姻常常令人困惑和难过；纯粹为爱结婚的婚姻更容易离婚，而结合了现实利益的婚姻，更稳固；自由婚姻的满意度在婚后两年就开始大幅下滑，而包办婚姻的满意度，起点虽不高，却是相对稳定的上升状态，在婚后五至十年，远远超过自由婚姻。这是一个很好的佐证，证明自由和世俗幸福的关系并不大：自由并不保证你幸福。以为自由是康庄大道的，那必定是深刻的误解。要不要自由和要多少程度的自由，完全取决于个人价值和信仰。

现在的人不可能为了包办婚姻那一点满意度而躲避自由婚姻的痛苦。但纯粹为爱结婚，听起来也有点滑稽。张爱玲曾打趣说："有一个人逛了庐山回来，带了七八只坛子，里面装满了庐山驰名天下的白云，预备随时放一点出来点缀他的花园。为了爱而结婚的人，不是和把云装在坛子里的人一样傻吗？！"

急于结婚的人，应该在追求其他的东西：安全感、财富、繁衍、占有欲、社会认同……为了这些也没什么，爱并非凌驾于一切之上，在一个人的不同阶段和不同境遇中，都可能有比爱情更紧急的任务，都可能在有意识和无意识中，为各种看起来奇怪的理由结婚。我就认识为了用10万元彩礼给弟弟买房子而结婚的，为了经济适用房指标而结婚的，为了拍婚纱照而结婚的，为了意外怀孕而结婚的，为了年满30岁而结婚的，为了下班回家有人做饭而结婚的，为了有人照看父母而结婚的，为了变动工作而结婚的，为了户口而结婚的，为了满足常规的性欲而结婚的。

所有这些结婚的理由，都比爱来得确切和实在。如果说无爱的婚姻没有根基，纯粹为激情而结婚也不牢靠。假设两个年轻人在恋爱巅峰时期结婚，在婚后没有诸如孩子、经济利益等将他们牢牢维系在一起的现实因素，这段婚姻的命运就和任何一段冲动的恋爱是一样的：在几年后就可能寿终正寝了。

我们都想要天长地久的爱情，但爱情有其自身的寿命是不争的事实。“婚姻是爱情的坟墓”，这句话让婚姻蒙受了太久的不白之冤。当两个人褪去了最初的迷恋，开始争吵和厌倦，也开始应付不了生活的各种压力时，就自然接近分手了，和是否结婚没有太大关系。相反，因为离婚比分手的成本高，婚姻倒是有黏合爱情的作用。正如朋霍费尔主持婚礼时所说："不是爱维持你们的婚姻，从现在开始，婚姻将维持你们的爱情。"

如果你是这样一个人——经济上自给自足，一个人过得不错，没有生孩子的强烈紧迫感，对情感质量的要求高，要的是一段情投意合、共同成长的亲密关系，不迷信捆绑的一生一世，那么，还真的很难找出结婚的理由。

美国女记者伊丽莎白·吉尔伯特就是这样一个人。她写的《美食，祈祷，恋爱》让她一跃成为最畅销的作家之一。在这本书中，她简单又诚实地问了一个问题：为什么我在结婚之后，才发现自己并不想要婚姻和孩子？她离婚后成为一个不婚主义者。后来她有一个非常相爱的男友，两个人都憎恨婚姻，他们发誓无论发生什么都绝不结婚。不过讽刺的是，美国国土安全局以"出入境过于频繁"拒绝她的外籍男友再进入美国，而男友要拿到长期签证的唯一方法就是：他们两个必须结婚。

对于要再次结婚，她感到沉重与恐惧，可她还是那么爱他，在十个月的时间里，她一边陪着他四处漂泊，一边说服自己再次进入婚姻。签证只是一个外在理由，她自己也需要一个结婚的理由。

和我身边的女生一样，吉尔伯特的姐妹也有许多恐婚的。她的一个女友在结婚当天问妈妈：“是不是所有的新娘，在结婚那天都会如此恐惧呢？”新娘的母亲一边为女儿整理裙角，一边安静地说：“不，只有那些脑子还能思考的新娘才感到恐惧。”

写作的人有刨根问底的天性，因为不得不结婚，吉尔伯特又写了一本专门探讨婚姻的书——《承诺》。她写道：“我对婚姻最深的恐惧来源于，我害怕它对我们的改变远比我们对它的改变还多。无论我和他是怎样成熟和睿智，一旦被放在婚姻的生产线上，我们都会被塑造成一个模样——一个有利于社会的模样，但是对我们自己全无益处。”

最后她还是结婚了。她认为男友说得对：婚姻就是一个游戏规则，那些人制定规则（为了拿签证必须结婚），他们两个遵守这个规则之后，然后就回到家，他妈的愿意做什么就做什么。

如果我们去问“为什么要结婚”，这背后可能没有什么惊天的奥秘。为了繁衍，为了抵抗生活，为了过得更好，为了不孤独，为了幸福，这都是人类最重大、最实在的几个诉求。

我对婚姻既不狂热也不仇恨。在许多婚姻的定义中，我个人喜欢这个：“婚姻是一种被官方承认的友谊。”友谊之爱比激情之爱更适合婚姻。两个人如果彼此喜欢和欣赏，有共同的价值观和生活目标，结不结婚对他们的影响都不大。对独立强大的人来说，婚姻就是两个人的城堡，其他99%的人设定的婚姻标准是什么，跟他一点关系也没有。有这样的心态和能力，既不必害怕一纸证书给他们带来侵害，因为他们有自己的原则和想要捍卫的东西；也不会因为没有证书就懈怠随意或拒绝宽容和忍耐，因为他们知道，在这个偌大的世界上找到这样一个人的渺小的偶然性，因此多么需要珍惜。即便真的世事难料，两人的感情和目标发生了变化，也可以一别两宽，各自保重。现代婚姻最人性的地方在于：这不是一条不归路。

第3辑

无关风月

只有时间不会撒谎

名气当然是个好玩意儿。爱丽丝·门罗获得诺贝尔文学奖以前，很多人只知道《爱丽丝梦游仙境》里的那个小姑娘爱丽丝；而自从北京时间2013年10月10日19点以后，大家就都认识了一个叫爱丽丝的满头银发的老女人。

一个人说的话，其“真理程度”是和他/她的名气成正比的，所以很快，爱丽丝·门罗的语录就传播开来了。且不论是否真的是真理，我喜欢她说的这一段：

“我三十六七岁才出版自己的第一本书。而我20岁时就开始写作，那时我已结婚，有孩子，做家务。即便在没有洗衣机之类的家电时，写作也不成问题。人只要能控制自己的生活，就总能找到时间。”

“人只要能控制自己的生活，就总能找到时间。”这句话像一记响亮的耳光，羞辱着所有被时间追债的现代人。

“我太忙了……”“我没有办法……”每一个说出这句话的人，都是在宣布，自己丧失了对时间的主权。

难道还有比这更可怕的事吗？我们的肉体是由水、蛋白质、骨骼等物质组成的，我们的生命则是由单向度的时间组成的。你会向一个不能控制自己胳膊和腿的人投去同情的目光，却不会怜悯自己那因为失控而瘫痪坏死的时间。你有没有想过，你可能是时间的奴隶，它用一根一米长的铁链拴住你；而你想做的100件事情，全部躲在10米以外的地方。你好像永远也够不着，你以为再过五年、十年就够着了，但真相很可能是一直到老死，你都没够着过——因为你不是时间的主人。

在这个星球上，仿佛人人都有一份梦想清单。所谓梦想，就像是那10米开外的东西，人们觊觎着它，却又不砸开那一米的铁链条。有人说，我从下个礼拜起就要开始健身了；有人说，等我赚够了钱，我就要多陪陪家人了。海子说：从明天起，我要做个幸福的人。

可是，永远永远不要听人们口头上的清单；不要以为他们一直念叨的，就是对他们最重要的。因为，构成一个人的实质，绝对是他的时间，而不是他的语言。当他选择了如何填充他的时间，他就选择了如何填充他的生命。

比如，有人问心理医生李子勋：“我女儿今年2岁，她爸爸经常出差，回来的时候想抱女儿，女儿会说不要爸爸。请问发生这种事情，我该如何教育我的女儿？”李子勋回答：“干吗要教育孩子？这是父亲应该承受的。”

这位父亲把99%的时间给了工作，只留1%的时间给女儿，就必须要承担这种时间分配的结果。与此同时，他也是在为自己选择一个身份：他更愿意成为一个事业有成的人，而不是一个父亲。

许多人都对家人和子女说过这样的话：“我辛辛苦苦赚钱，还不是为了你们吗？”（在这里我并没有使用“男人”为主语，因为越来越多在乎事业的女人，也会这样说。我不想造成性别刻板偏见。）这句话就是个十足的谎言。因为你一定会看到这样的人宁可把时间花在打牌、喝酒、聚会、玩游戏这些事上，也不会去陪伴家人。

时间的重要属性就是不可逆和排他性。当你选择了做A，就势必不能选择做B。如果一件事情或一个身份对一个人特别重要，那么他一定会在时间的有限疆域里划出一个不可侵犯的地盘，誓死捍卫，不容松动；然后在这个地盘之外，再去规划别的。

因此，所有对时间的失控，都只是一种表面的别扭和错位，深层次的原因，是这个人内心坚定地认同他花掉的时间；他本人就是他的时间。“You are what you eat”（你吃什么就是什么），“You are what you read”（你读什么就是什么），“You are what you wear”（你穿什么就是什么），这些看似确凿的格言，都不过是一个轻松好玩的填空游戏。真正的定义应该是，“You are your time”（你就是你的时间）！

世间的角色并没有高低好坏之分，你的时间就是你的角色。乔布斯和宫崎骏把几乎所有的时间都放在了工作上，他们就是认同个人成就高于家庭价值的人。你把所有的空闲时间都花在了吃喝玩乐而不是学习上，那么你就是一个及时行乐或得过且过的人，就别指望自己突然发愤图强，也别制订那些根本不会去实施的计划了。我的几个朋友在国企里天天嚷着辞职创业却没有任何动静，因为他们就是最适合在国企工作的人。我从来抽不出时间运动，因为我根本就是个体质静态又短视的不在乎健康的人。我们花掉的每一分钟，都是由我们的本质和信仰做基础的。

爱丽丝·门罗带大了4个孩子，也写了很牛的小说；和她类似，村上春树和斯蒂芬·金在出名之前，都是用下班后、睡觉前的那几个小时来写作的。他们不用说，时间可为他们证明，他们是谁，什么对他们是重要的。

检验一个人的唯一标准，就是看他把时间放在了哪儿。别自欺欺人，当生命走到尽头，只有时间不会撒谎。

不幸的孩子，提着易碎的灯笼

上周五，黄贯中发长微博说：“爸请原谅我，酒色女人都不是大问题，我可忍受，但你打妈妈，拿起大菜刀一刀刀砍，那时我们三兄弟才八到十岁……我体内有一半是你的基因，我叫它们为垃圾基因。若你想再打我老母、我老婆，我怕自己会变成自己的杀父仇人。”

这条写给父亲的、以第二人称做主语的私人短信，却在微博的公共平台上发布出来。我第一感受是匪夷所思，不能理解一个40岁的男人至今无法用行动来解决这个问题——隔离伤害源、保护妈妈和妻子，反而以一种绝望无助的方式来表达愤怒，说给一个无可救药的老头子听。

再转念一想，又理解起来，他的描述，“你打妈妈，拿起大菜刀一刀刀砍”，触目惊心，仿佛能看到一个8岁的孩童在这暴力场景面前的震惊、恐惧、无助与撕裂，而这些强烈的负面情绪一直跟随着这个孩子，沉淀在他的体内，即使三十多年后，也会随时显现出来，把他变回一个歇斯底里又无能为力的幼童。

虽然他是一个40岁的男人，已娶妻生子，但是他的部分人格，仍然被囚禁在童年的弱小身体里，从来没有长大过；虽然他是一个舞台上的明星，但他同时也是这个苍凉的世界上无数不幸孩子中的一个。

关于世界上有许多不幸的孩子这件事，我也是在变成大人后，才深刻发现的。因为孩子缺乏客观对比的能力，以为自己的父母和家庭就是整个世界。实际上也是这样，对孩子来说，整个世界在他们心灵上的投影，就等同于在他们还没有选择能力时，养育他们的大人对他们的投影。

东野圭吾在他最畅销的小说《白夜行》里，很生动也很悲切地刻画了这种投影。他写一个小女孩，被亲生妈妈带到有恋童癖的猥琐大叔面前，一次次被迫进行性交易。你能指望这个女孩如何满怀希望地看待这个世界呢？你能指望她没心没肺地对他人表达善意吗？你能指望她轻易就被一杯咖啡俘虏，然后大叹“多美好的人生”？

这才是她的真实世界：“我的天空里没有太阳，总是黑夜。我从来就没有太阳，所以不怕失去。”如果你摇晃着她的肩膀，大喊：“醒醒！这个世界不是你认为的那样，这里也有阳光，也有温暖，也有色彩，你看那些幸福的人，他们在亲吻，在拥抱，在表达爱意，你不要被你的偏见所蒙蔽了！”她会抬起眼皮，看看四周：“So what？”（所以呢？）对，世界纵有万丈光芒，对她而言，都犹如罩在玻璃罩里的陈列品。她眼睛看得到，但与她无关。只有穿透她生命的黑夜，是切肤之体验，是实实在在的真切。

世界上有这么多不同的面貌，却没有一种绝对的表达能穷尽这些面貌。在相对正常的环境里长大的孩子，他们会不断发现它不同的样子，并一次次地去更新认知——这才是理解这个世界的正常过程。而在畸形的环境里长大的孩子，因为注意力永远被极度匮乏的事物（或者是物质匮乏或者是精神匮乏）所占据，他们腾不出时间和空间去看一眼别的东西、别的可能性，他们的一生，都在和匮乏做斗争，都走不出童年时期对世界的刻板印象。

幸运的孩子，当然也有很多。我很爱看前阵热播的《爸爸去哪儿》，即使我并没有生育的打算，也会爱上节目里那些可爱的孩子。他们纯真、好奇，没有任何吐槽点，他们被给予，被鼓励，也被爱，可以率性而为、天然自在。对于他们的父母，我也没有任何可吐槽的，和他们提供的良好的成长环境相比，其他的小瑕疵都不值一提。这些孩子长大后，会有信心和动力去不断认识这个世界不同的样子，他们将会看到一些极端不幸的存在，但幸运的是，他们不会有机会去亲身体验。

如果说他们的一生里都有太阳伴随，那么那些被抛到穷凶极恶甚至变态的环境里的孩子，就是活在一个没有太阳的星球上。他们手里只有一盏四面透风的灯笼，火焰随风飘动跳跃，忽明忽暗，不知什么时候就会被黑暗彻底吞噬。这些人都藏在人群里来来往往，你不会知道你今天擦肩而过的，有几个背负着阴影的幽灵。我读中学时有一个女生，她成绩很好却性格古怪，突然有一天就精神失常了。大家都说她是被学习压力压垮的，后来我才知道，她妈妈是自杀的，她爸爸是被舅舅砍死的。我听到这些的时候，眼泪涌了出来，为她，为这个苍凉的世界。

我们这个世界总有腐烂阴暗的角落，谁一出生下来就被分配到这样的角落，全凭偶然性。对于这样不幸的孩子，好像只能说一声："愿上帝保佑他。"然而讽刺的是，上帝在最开始就抛弃了他。后面的日子，唯有靠他自己的意志力，守护好那一盏易碎的灯笼，走在他人无法知晓和体验的道路上。

如果你恰好是这样的孩子，如果你还像困兽一样在和过去搏斗，不必自怜与自弃，人人皆孤独，最黑的夜里也可能踩出满地星光。每个人来到这世上的使命都不同，你只管好好走自己的，你最大的成功，不是拥有常人羡慕的事物，而是走出过去的咒语。对于黄贯中，也同理。

悲观主义者的花朵

小时候看《泰坦尼克号》，除了杰克和露丝在车里的亲热镜头让我尴尬之外（当时是和老妈一起看的），其他的就只记得那些震撼的沉船情节了。所以在我的印象里，这是一部灾难片，而不是爱情片，因为我完全记不起这两个人的爱情是如何发生的了。当然，那个时候太小，自然也不知道爱情为何物。

十五年之后，27岁的我坐在电影院里重新看了这部电影。时间改变了我，这一次，我竟为他们的爱情流下了眼泪。我看到了不一样的杰克和露丝。露丝竟然是个深度抑郁症患者，尽管她是一个被珠宝、华服、名画所包围的富家女，却看不到被母亲安排的人生有何意义。她内心对生命的厌倦感，就像被暗黑的海藻紧紧裹住，终于让她窒息到要从史上最豪华的超级邮轮上跳海的地步。

然而，就是这样不顾一切要奔向死亡的少女，最后却活到了皱纹爬满脸颊的90岁。杰克在沉没之前对她说的“答应我，你一定要活下去”，并不只是指这次海难，更是指，她要克服对生命的厌倦，无论遇到什么，都好好活下去。他懂她。

露丝一定能活下去，只要死神不主动夺走她的生命，她可以活到哪怕290岁，都不再自杀。因为在她那曾经寸草不生的荒漠里，开出了一朵温柔的花，这朵花的名字叫“爱”。

“爱”是什么，对每个人都不一样；而我却知道，对于露丝来说，这爱是什么。她本是个有生命力的年轻人，热情、坚强、奔放，却像笼中鸟一样被豢养，她悲伤、愤怒，以为自己无能为力了，直到被杰克“看见”。

卡梅隆偏爱“see”这个动词，在《泰坦尼克号》和《阿凡达》里，最点睛的台词，都是“I see you”。“see”的直译是“看见”，在英文中也有“理解”“懂得”“明白”的意思，但这两种释义，都不如一个简单的“see”，它包含了最直接、最深情的人类灵感。

当露丝第一次看到杰克为孩童、少女、老人画的人物素描时，她大吃一惊："You see people!"杰克确实有这样的天赋。在露丝的世界里，人人都以固定的路径要求她，为她打造花团锦簇的宫殿，却没人在乎她那沸腾到尖叫的灵魂。她与身边的一切都格格不入，误以为自己是个错误的存在。而杰克，看见了她内心最深的渴望，并且，他先于露丝看见了她本身所蕴藏的巨大力量。

露丝企图跳海时，杰克阻止她，她倔强又不屑地说："轮不到你来救我。"杰克看着她的眼睛："对，只有你才能救你自己。"杰克的看见与爱情，让露丝发现了自己的勇气和能量。这个貌似花瓶的女孩到后来果然爆发了强大的生命力。她只身一人去底舱救出了被锁的杰克，在咆哮的灾难面前，她死死抓住求生的每一线生机，到杰克请她答应"一定要活下去"时，她郑重地承诺"I promise"。

等到晨曦重新来临，露丝披上救援者提供的毯子，平静的大海上，似乎一切都没有发生过，但露丝已不再是从前的她。她真实地体验到了爱：一个彻底的悲观主义者，对着世界画了一个巨大的"×"以后，随时准备撕票走人，却意外地发现，在大"×"的背后，有一样闪光的令她留恋的东西。从此，虽然世界依然布满险恶与疮痍，但所有的不堪都在可忍受的范围之内，毕竟，这里有这么美好的东西。而且她知道，这种美好将超越时间与空间，陪伴她终生。只要有过，就是一种证明，就是永恒。

有一天下午，我和一个女朋友聊天，我们谈到了爱。她说："爱这个词太虚了，因为爱是一件奢侈品，活着已经不容易。"她是一个现实主义者——应该说，所有开始承担生活重担的成年人，都是现实主义者。女朋友是个房奴+孩奴，一年下来难得有完整休息的一天，她时常感觉很累。从小她父亲酗酒，母亲漂泊不定，她好不容易逃离了父母，有了自己的家庭，却也是终日忙忙碌碌，和丈夫一起抵抗生活。

然而，她仔细想了想，又说："好吧，我还是有爱的，比如在孩子身上。"我说："对，你每次谈到小宝贝，都特别开心，她让你感受到了活着的美好。"我停了一下，认真地说："我现在觉得，能让我感受到生活的美好的人，就是值得爱的人。爱大概就是，有他和没有他，这个世界呈现出不一样的样貌。有他，世界美好；没他，世界暗淡。哪怕只是知道这样的一个人存在着，都能让我感慨，生存在这个世界是值得的。更确切地说，一切让我留恋这个世界的，都是真实的爱。”

我把这句未说出口的后半截话悄悄埋在了肚子里：“因为，我曾许多次质疑活着的意义，我曾厌倦这个世界，所以，我知道，没有什么比让一个悲观的人重新爱上这个世界更可贵的了。”

她听了以后，沉默了片刻，然后说：“谢谢你，这是我听到的对爱最好的解释。”

我在心里拥抱了她，只有对生命曾深深怀疑过的悲观主义者，才能会心这个“爱”的定义。

祝愿，那些曾和露丝以及我一样的悲观主义者，也能找到你们的花朵。请相信，它一定在某个地方。因为，这么多人都找到过，它一定存在。

柔软和吃饭一样重要

传统的科学家大概永远也没有办法将“爱”解构，告诉你“爱”究竟是个什么玩意儿，所以才不能没有小说、电影、音乐这些载体，来传递“爱”的数百万种感觉、意象和可能性。而心理学家就有野心多了，他们要探索看不见的心灵活动——他们要探索爱的功能，从而试图拼凑出“什么是爱”这个谜团的一角。

我们一般都以为，爱是比活着更高级的需求。难道不是吗？有了生存权才有其他的一切。陈丹青都总结了，中国人的信仰就是：去他妈的，活下去最要紧。在粗粝又急速的世界里，动不动就说爱，显得肉麻又虚无。

五十多年前，心理学家亨利·哈罗想办法把“爱”具体化。他设计了一个精妙的实验：把8只幼猴分给2只人工母猴喂养。这2只母猴都有体温并具备喂奶功能，唯一的区别是，一只是由海绵和毛织物做成的，一只是由铁丝网制成的。

然后呢？或许你也猜得出这位心理学家观察到的：无论是哪只母猴喂养的小猴子，它们都愿意和毛茸茸的母猴待在一起，那些由铁丝母猴喂养的baby，是为了吃奶才迫不得已离开绒毛母猴，吃完奶就迅速回来。

他又进一步研究了这种“接触安慰”对幼猴的其他影响。有一次，他在小猴子中间设计了一个“恐惧”场景——他放入一个上紧发条的玩具打鼓熊，这个玩意儿对幼猴而言是很可怕的。当幼猴害怕时，它们全部快速地跑向绒毛母猴，抱住“她”以获得安慰和保护；却没有一只幼猴去铁丝母猴那里。

还有一次，他把幼猴放到一个陌生的“旷场”里，里面有积木等各种新玩具。在有毛绒母猴的情况下，小猴子们会把“她”当作安全之源，很喜欢探索和摆弄各种玩具。它们时不时回到母猴的怀里，又继续出去探索，泰然自若。然而，如果只有铁丝母猴在场，它们就会对陌生环境充满恐惧，它们哭叫，缩成一团，不安压倒了一切探索欲望。

除此之外，哈罗还发现，铁丝母猴喂养的“孩子”对牛奶消化不良，经常腹泻。

结论是明显的：对幼猴来说，接触安慰比提供乳汁更重要。哈罗在论文里写道：情感依恋是比满足饥渴更强烈的基本需求，显然，和猴子一样，“人是不能仅仅依靠乳汁来生活的”。

这个1958年的实验，在“爱”的发现历程上，如同一场革命。也许爱有很多变形，但爱并不虚无缥缈，它甚至可以浓缩成一种实在的物质属性：爱是软的、暖的、触觉温柔的；

不是硬的、冷的、带来痛感的。将这种物质属性再具体演变一下，爱就是拥抱，是亲昵，是热吻，是喃喃细语，是肌肤之亲，是心疼的眼神，是体贴的呵护——它们都是软的、暖的、温柔的。由此可见，剪刀手爱德华最悲催的地方，就是他怀着一颗有爱的心，却举着一双钢铁铸就的大剪刀手。他无法给予所爱的人一个温暖又贴心的拥抱，本质上，他制造爱和传递爱要比别人难得多。

原来，柔软和吃饭一样重要。没有爱，没有柔软，我们在生理上会病痛，会残废，会死亡。

哪怕从最功利的角度来说，爱也是不可或缺的，是致命的。即使长大成人，即使活在再粗糙的时代里，我们也不要羞于承认：我们像需要粮食一样需要爱。

（哈罗的这个实验对美国乃至全世界的育儿实践产生了巨大的影响，它形成了两个重要的认知：第一，母亲哺乳的角色不是不可替代的，父亲或其他人也可以将婴儿养育好；第二，前提是要有爱。）

近人，他们就依次问他：“你悲哀吗？”

这是一个关于诗人的笑话。语言对很多人来说只是一种应酬的工具，而诗人把它当作了表达自我的载体，甚至等同于自我。这样的语言，就像是熙熙攘攘的鱼群里突然出现了一只大象，过于古怪，而且不合时宜，是一种荒谬的存在。也因为过于古怪，所以只能被视而不见。

可我们终究需要语言把我们自己和别人联结起来。特别是在一些重要的时刻，比如有一天，你遇到了难题，陷入了低落（或者矛盾，或者无助，或者悲伤，或者愤怒，或者无以言表）的情绪里，你尝试向身边的人表达这种情绪，尝试得到理解。

你得到的反馈会不会很可能是以下几种：

——“嗯，嗯，”（对方听了一会儿）“是呀，你不知道，我也……”（立刻参与了吐槽，渐渐把话题中心转移到自己身上来）

——“你想得太多了，别想那么多就好了。”（潜台词：这一切都是你自己的错，谁让你想那么多？活该！）

——“这种事情嘛，过一段时间自然就好了。”（一副全能大神的姿态：任何事情都可以慢慢地自然变好）

——“你这遇到的算什么啊，那某某、某某遇到什么事

（描述得比你惨100倍），人家都扛得过，没什么的啊！”

——“其他所有人都觉得OK，怎么就你不OK呢？你要从自己身上找原因啊！”（这多半来自父母）

…………

我们习惯了那种“看起来一切都很好”的交流。如果我们换了一种“我不那么好”的开头，就会得到生硬而套路化的反馈，然后，我们会习以为常，又以同样的套路来面对下一个人的尝试。

嗯，就是这样的，大家都这样，一切都很好。

怎么，你还不好？那就是你的问题了。

我们无力解决自己的情绪问题，自然也无力解决别人的情绪问题，我们甚至害怕这些真正的问题。当我们有了标准化的答案，就可以套在任何一个问题上。所以即使当最亲密的人向我们寻求帮助，我们在情急之时，也会把这些标准答案搬出来，连表达和语气都像是经过统一的训练。

复杂的情绪，对很多人而言，都是如同野兽般可怕的。我们理想中的父母、子女、爱人，最好永远是那么明朗、稳定、可预测、乐观的。当出现一点忽隐忽现的幽蓝小火苗时，我们的第一反应就是要迅速地扑灭它、拍死它。至于他/她的真实想法是什么，那是不重要的。重要的是，他/她是明朗、稳定、可预测、乐观的。

可是，那些不能在大多数交流模式里接受的情绪，最后去哪儿了呢？它们不会自然风干，它们仍然留在你的身体、血液、毛孔里，甚至开始塑造或扭曲你的外形、气质和脾性。

每个人的体质不一样，有的人最终能以或多或少的代价自我消化，而有的人消化不了，就结成了毒瘤——可能是生理上的毒瘤，也可能是精神上的毒瘤，后者就需要专业的心理治疗。

心理咨询会借助许多手段，如催眠、沙盘，但最主要的还是聊天。语言会骗人，但语言仍然是表达自我的核心手段。有很多人误解心理咨询的一个理由是：聊天也要那么贵，值得吗？对很多痛苦的人来说，值得！因为，在日常的交流里，他们得不到这种特别的聊天，得不到这样一种稀缺的高质量的交流。

心理咨询里有一些原则，帮助这些痛苦的人在交流中疏导情绪、认识自我、积聚力量。这些原则其实可以被借鉴到日常生活当中。如果我们能掌握一些这样的原则，就能和亲密的人有更高质量的交流。

原则一：非常耐心地倾听

谁都知道倾听很重要，可能做到的没几个人。

在一场谈话中，每个人都着急表达自己，就像每条鱼都在努力吐出泡泡，但泡泡都消散在了水里，没有人听到。

面对很熟悉的人，我们更是这样。我们太想让对方知道我们的意见，因为我们相信这是对他/她好。越是这样认为，就越急。可是在心理咨询里，第一重要的事就是听。光听还不够，还要不断地诱导对方说："还有什么想说的吗？""还有什么要补充的吗？"

在一个心理咨询的疗程里，很可能第一次甚至前两次，都是在倾听。一定要让对方表达完全，不仅仅是对事件的描述，还有他/她的感受，他/她的弦外之音，他/她的期待。很多人在这种情况下会说得很多，因为这样淋漓尽致地表达的机会，真的太少了啊。

试着想一下，如果下次伴侣对我们表达什么的时候，我们能不能安静地听他/她说，并且还时不时问一下"还有吗"，直到他/她真的说完为止。一次耐心的倾听相当于一个最贴心的拥抱。你会发现，你并没有想象中那么了解他/她。

原则二：不做太多评判

心理医生的原则是“不做任何评判”，特别是道德评判。在他们眼里，没有变态，也没有犯人。

在亲密关系里，肯定做不到“不做任何评判”，但“不做太多评判”是可以的。

人们特别喜欢把自己的判断和道德观强加给亲人和爱人。大概是因为在这个世界上，他们能影响的只有这些亲密的人，所以才抓住不放。

设想一下，如果一个人说的每一句话都会遭到批判和反对，最后必然导致他/她闭嘴，交流就此堵塞。

很多父母抱怨子女对他们说谎，也有人抱怨伴侣不爱和自己说话。多多少少是因为对方真实的表达得不到接纳。

减少谎言的唯一办法就是宽容。如果一个人无论说什么，都不会遭到非议和攻击，他自然敢说真话。而在一个环境中，道德标准越高，谎言就越多。

原则三：把他/她当作一个人

无论这个人是你的爱人还是子女，他/她首先是一个独立自主的人。

康德认为：人是目的，而不是实现目的的手段。任何一个人都不是实现你意愿的工具，他有他自己的意志。

马丁·布伯提出的“我与你”启发了许多心理咨询师。他认为，只有当“我”放下预期和目的，以“我”的全部本真与一个人建立关系时，“我”才会与这个存在的全部本真相遇。这种没有掺杂任何预期和目的的关系，才是“我与你”的关系。否则，就是“我与它”的关系：对方沦为了“我”实现预期和目的的工具。

“我与你”建立的前提是：看到并尊重对方的真实存在。因为“你”便是世界，便是生命，便是神明。把对方当作一个有灵魂的人，而不仅仅是一个满足你期待的社会角色，这样，你们之间才算不仅有名义上的亲密，而且有真正的亲密交流。

在西方文化里，神父和教堂曾在很长一段时间里，承担着慰藉心灵的作用。人们在教堂祷告或向神父诉说，是指向内心和灵魂的，因为在这个时候，他们从所有的社会角色撤出，只留下真实的自我，而上帝和神父是永恒包容他们的。

古代的中国文人，在烦琐的人世规矩中，则常常将自我寄情于山水。就像李白，最爱交流的对象是自然万物，他吟唱着“花间一壶酒，独酌无相亲。举杯邀明月，对影成三人”“众鸟高飞尽，孤云独去闲。相看两不厌，只有敬亭山”——潇洒又孤独。

好吧，如果在人间实在找不到惬意的对话对象，就偶尔和云说说话吧。

鉴于我们有太多热闹又空洞的交流，对此千万不要感到奇怪。

地铁生存记

如果把在大城市的生活比作一个流光溢彩又刺激紧张的晋级游戏，那么最基础的那一级就是要学会如何在地铁里生存下来。

我第一次到北京是2006年，从内陆一座没有地铁的城市到北京实习。第一天上班的早高峰，我就见识到了穿黄色工作服的志愿者阿姨熟练地把乘客推入车厢的流水线场景。

每节车厢就像一个塞到爆的行李箱，而那些人就是溢出的行李，无论如何也要被狠狠压进去。当地铁门“咻”地关闭的一瞬间，被当作行李、成功完成装载任务的人，大脸紧紧贴着玻璃门，露出了庆幸的表情。

我站在旁边犹豫不决，对于要不要当一件幸运的行李产生了怀疑。其实，我是被吓到了。在犹豫中错失了两次机会，又在积极上车时惨遭一次淘汰之后，我终于着急了，我就要赶不上实习的时间，这时我恨不得在背后贴上“请用力推我”几个字以引起志愿者阿姨的注意。在我心急如焚的时候，一股强大的动力将我裹挟着，冲入了密不透风的人林之中，之后我便动弹不得，脚不能落地，脑袋转来转去，对着的都是别人的腋窝（他们伸长了胳膊抓住头顶的吊环），我闻到一股令人不舒服的味道。但，这一切不适，都不如我的庆幸来得强烈：比起那些在门外懊恼的人，我就是个幸运儿！

我很快就适应了地铁的生存法则：作为一个合格的地铁乘客，我的使命就是要把自己当成一件可伸可屈的行李，妥帖地见缝插针，占据最小的空间，在各种推搡挤压的力道中保持低调的平衡。

当然总有比我更厉害的人。我总能在地铁里碰到一些气场强大的女生，在一番人肉厮杀之后，她们还能踏着精致的高跟鞋优雅地走出来，神清气爽，发型不乱，丝毫没有苦逼的表情，就像传说中“万花丛中过，片叶不沾身”的武林高手。每次看到她们，我就会在心里暗暗点赞：这个世界果然是卧虎藏龙！于是就会以更谦逊的心态，投入挤地铁的奋战中。

几年之后，我又到北京工作，住在立水桥——地铁5号线和13号线的交会点。这两条地铁线分别贯穿了号称亚洲最大社区的天通苑和北京最大社区的回龙观。我成为这两条线上的常客，对泱泱人群和贴身肉搏早已习以为常。大概是人多空间少导致的大脑缺氧，我经常在地铁里出神，以至于还创作了好几首小诗，包括："请问/什么动物可以站着睡觉不倒/回答/斑马/大象/还有地铁5号线上的人"以及"地铁将我开往/三环上的一座高楼/我却被窗外沿途的荒野所吸引"……

像这类漫无边际的出神是最适合乘坐地铁的行为了，因为想法是最不占用物理空间的。前段时间，网上流传一组纽约地铁乘客看书的摄影照片，让许多热爱阅读的人痛感国人之肤浅。我们中国人习惯阅读的比例确实很低，但在地铁上不看书并不是我们的错——这里没有让我们能够打开书的空间。对于有出神障碍的人，幸好我们这个时代有了手机。低头玩手机，总比在1厘米的距离里和几张脸面面相觑好——许多手机APP的流量消费，不能小觑地铁大军的贡献。

不过在非高峰时段，我也确实看到少数人在地铁里看书。遇到这类人，我总会多看几眼，顺便瞄一下封面，印象深刻的有《死亡诗社》《寻路中国》和《唐诗三百首》。他们是地铁里的异类，一段乏味的行程，你只会嫌异类太少，而千人一面过多。

可是，无论我有多少技巧，几年下来，我从来没有抑制住对地铁的讨厌。这个游戏的主旋律，终究是拥挤、浑浊、不体面的。有一次我背着一个大包，在地铁里被汹涌的人潮推来推去，有两次被冲到了门外，毫无尊严的我像一座休眠火山爆发了，冒了脏话："我×！不要挤了！"声音大得连我自己都吓了一跳。可根本没有人听见，我愤愤地重新踏上地铁，贴在门边，心潮澎湃，却也只能默默生气。

这个时候，我知道，即使我念上100遍《心经》，也无法遏制住内心的狂躁。我可以探索许多哲学问题，却无法在地铁上心平气和。这让我明白，"看花开花落、云卷云舒"这种宠辱不惊的心态，只有在"闲庭信步"的时候容易做到。没有适当的空间，就很难谈尊严和体面。

由此我也更佩服那些在地铁里宠辱不惊的漂亮女孩。喝再多心灵鸡汤，却不能直面爬满生活之袭的小虱子，又怎么能算高修行。艺术家们以传世的作品慰藉几代人的心灵；一个清爽好看的人却能在地铁早高峰的洪流里，拯救几颗泄气的心灵——他们都是人海里的灯塔，以不同的方式，点亮“美”的微弱之光。

对不同个性的人来说，地铁可能成为奋斗的激励，也可能成为隐退的理由。有的人会下决心成为人上人，拥有几辆私家车，从此彻底摆脱这可怕的地铁噩梦；有的人则被吓跑了，再也不想过这样的日子。好在，当一个晋级的乘客走进私家车时，又会有新的年轻人带着憧憬走进地铁。地铁，哪怕再拥挤狭窄，永远有生机勃勃的风景。

所有在都市地铁里的人，都像被时代洪流所裹挟，我们在这里争夺、憋屈、出神、窘迫、生气、落魄、麻木……然而又抱着野心和希望：我们有一天可以摆脱这沉重的主流，成为一个飘逸的成功的人。

不管我们是不是从一个沉重跳入另一个沉重，野心和希望都引领着我们永恒地前进。

圣诞老人真的存在吗?

我四五岁的时候，特别迷恋在睡前听故事，于是就缠着我妈给我讲。她看的童话也不多，于是常常自编自导。其中一个故事是这样的。一个小男孩在上学路上看见一只可爱的小白兔，就忍不住去追，追到深草里，掉进了一口极深的井。他的妈妈天天等他回家，把眼睛都哭瞎了。小男孩在井里靠吃野果维生，最后遇到了一位神仙爷爷，神仙爷爷不仅把他送到了地面上，还送了他一株仙草。小男孩回到家里，用仙草把妈妈的眼睛治好了。

这么一个简单甚至简陋的、临时编造的故事，小时候的我却听得津津有味，特别是当听到神仙爷爷带来的美满结局的时候，就能心满意足地酣然入睡了。这并不奇怪。如果去研究那些经典的童话故事，无论是白雪公主、睡美人，还是小红帽、海的女儿，在惊心动魄的曲折中，最不能缺少的是“魔法”的参与。尽管在长大后，我们早就不相信魔法，但这些故事还是一代又一代地传了下去。

最近，越来越多圣诞树在我的城市亮起来。即使理智的我认为圣诞节不过是一个商业节日，我还是会为那些闪烁的圣诞树驻足，甚至会在那么几个瞬间，沉醉于那梦幻的氛围。

理性的我和感性的我，在一棵圣诞树上开启了不同的模式：一个“我”试图无视，一个“我”却难以自拔地沉迷其中。这就像一个27岁的我和一个5岁的我同时存在于我的体内：一个“我”在拒绝那些幼稚的把戏，一个“我”仍然在无条件相信现实世界之外有一种令人着迷的魔法，并臣服于它。

盯着圣诞树时，两个“我”在交锋。脑子里飞快地飘过一句琼瑶奶奶的话：有人说我的小说假，可是就像圣诞树，明知是假的，叮叮咚咚，闪闪发光，每个人都爱看……我不禁自问：我是在痴迷于虚假的幻想吗？可是，如何证明这些是虚假的呢？我想起那个著名的问题：圣诞老人真的存在吗？这个问题由一个8岁的小女孩弗吉尼亚在1897年提出，当时的《纽约太阳报》编辑弗朗西斯回复了她。

这封名为《圣诞老人确实存在》的回信堪称一篇经典的散文，这里摘录如下：

圣诞老人是有的，这绝不是谎话。在这个世界上，如同有爱、有同情心、有诚实一样，圣诞老人也确确实实是有的……就像没有你这样可爱的孩子，世界不可想象一样；没有圣诞老人的世界，也是不可想象的。

没有圣诞老人，来减轻我们痛苦的孩子般的信赖、诗、爱情故事，也许全都没有了。我们人类能体味得到的喜悦，大概只剩下眼睛能看到的、手能摸到的、身体能感觉到的东西了……

即使看不到从烟囱里出来的圣诞老人的身影，那又能证明什么呢……这个世界上最真实的东西，是孩子的眼睛、大人的眼睛都看不见的东西……

眼睛看不见那遮盖着世界的大幕，不管有多大力气的人，不，即使全世界的大力士一起上，也是拉不开的。只有信赖、想象力、诗、爱、爱情，才能在某一个时刻，把它拉开，看到大幕后面的、无法形容的、美好的、闪闪发光的东西。

…………

这封回信，最好地回答了圣诞老人是什么。圣诞老人只是我们需要的许多个老人之一。就算没有圣诞老人，我们也会有别的什么东西，就像5岁时我深信不疑的那个神仙爷爷。他就是魔法，代表着善有善报，代表着希望，代表着超越，代表着苦难之外的美与愉悦。哪怕现实一次次告诉我们，善并不一定有善报，希望有时是一个虚伪的骗子，枷锁往往只会越来越沉重，长的是苦难，短的是人生……我们还是会在偶然间被那一套"假的""孩子气的"陈词滥调所击中，然后感动。为什么会为这些感动？我不知道。我只有倾向于去理解，那些我认为是假的东西，真的存在。至少，它的力量如此之大，让我的理性在很多时刻都难以与它抗衡。

人的脑袋里却能容纳千万匹马同时奔腾。这个人的大脑结构太“变态”了！

许多人为他落泪，是因为这样一个奇异的“天才”，在一个荒僻的中国乡村里，被学校排挤，被人称为傻子，被同伴耻笑。我们很熟悉那样的环境。中国的城市文明到现在也只有一点零星的萌芽，而长久以来农耕文化的集体主义，都是以磨灭“个人的差异性”为目标的。就如王小波所说，我们的社会里“有很多想要设置别人生活的人，还有对被设置的生活安之若素的人”。这种人，在经济不发达的小城市、农村尤其多。

周玮在这个舞台上的证明，更像一部心灵励志片。这样一个被误解、被嘲弄的“傻瓜”，却有着独一无二的天赋。这种承认与认可，是对个人尊严的加冕，是对一个个体的尊重与看见，是对庸常偏见与压迫的反抗，所以来得格外激动人心。

一个个体，面对多数人甚至整个世界的质疑与不理解，绝不仅仅是周玮的独特体验；相反，它是我们每个人都可能遭遇到，并对我们影响深远的经历。我们能在周玮身上看到许多人，包括自己所承担的委屈与孤独。很多人仅仅因为“不一样”就遭受到了教育和社会的戕害，而这些人不得不剪掉自己身上突兀的地方，变成“大多数人”，然后才能获得安全与认可。甚至，他们会从“被害人”的角色迅速转换为“迫害者”的角色，致力于裁剪掉所有的“不一样”。

周玮算得上“最强大脑”，但还不一定能跻身于人类的“天才”行列。天才，不仅仅是指向具体的、机械的计算能力与记忆能力，更可贵的在于抽象的洞察力与理解力，比如苏格拉底和爱因斯坦。

在人类的历史上，社会与权威总是热衷于与“天才”为敌。古希腊的法律处死了苏格拉底，意大利教会烧死了布鲁诺，莫扎特的音乐和歌剧被当局所禁演，凡·高只是当年美术界里的一个loser。而人类社会对“天才”的不包容与负面反馈，也特别容易让“天才”仇视世间。许多“天才”都是愤世嫉俗的“毒舌”，并不是因为他们天性尖刻，而是就他们的人生体验来说，这个世界的蠢人太多，这个世界太不友好了——仅仅因为他们有不一样的观察和看法，就被众人鄙夷、唾骂与伤害。而对这群精神独立的人来说，要他们无条件放弃自我意识、顺从大众，比杀死他们的肉体还要痛苦百倍。

写过《天才梦》的张爱玲，从小也被看作天才。她不到3岁就能背“隔江犹唱后庭花”，听得清朝遗老掉下泪来。她从文以后，被贴上过自私、刻薄、冷漠的标签，她在小说中解剖人性的阴暗面，游刃有余，让人不寒而栗。但她本人的为人处世又是地道的憨厚老实，从没算计过他人，也从不占他人便宜。她尤其在乎她的读者，永不轻视读者的智商，掏心掏肺，真诚以对，容不得半点虚伪与水分。懂她的人自能懂得她对世界的另一种热爱，看似冷眼旁观，却是深入骨髓的感受力。幸好她还一直相信她的读者，她一生被误解，后半生孤僻疏离，若不是文字还维系着她与世界的关联，恐怕早就自杀了。

这就是天才的悖论：一方面他们很强大，具有顶端的才华；另一方面，他们又必须以最朴实最可靠的爱，来维系他们与世界的联结——这种爱，通常不是来自另一个天才，而是一个普通人。许多天才终其一生都在寻找这种爱，并在这种看似平凡的情感中获得彻底的幸福与宁静。以天才数学家约翰·纳什为原型的电影《美丽心灵》里，纳什在妻子不离不弃的陪伴中，才有了现实的存在感。若不是爱，靠他一个人，根本无法完成与心魔与幻想的和解。对他来说，最后的诺贝尔奖杯，远不如妻子的微笑更值得迷恋。因此这部电影还有一个译名叫《有你终生美丽》。电影《雨人》里的自闭症哥哥也是如此，他对所有人都没有反应，赢了大奖也不知道高兴，却最关心弟弟，留意弟弟的表情，希望弟弟开心。

由于对世界的不信任，天才容易屏蔽掉和世界的沟通，最后只有依赖一个他最在乎、最信任的人，作为他与世界联结的通道。周玮也是。当他在众人面前展现他的能力，并获得全场站立鼓掌时，他依然要紧紧握住姐姐的手。真正让他不放弃自己、面对这个冷漠世界的，是在他还没有得到这个世界认可时，无须证明的姐姐的爱。

许多天才都很孤独，我们有时候甚至会美化这种孤独，但绝对的孤独是一种很危险的状态。尼采就是一个典型。他是一个洞察力和意志力都极其强大的人。他想突破人类在哲学思维上的极限，并且提出了“超人”意志，歌颂“强者”。他也希望自己像“超人”一样，不受任何人主宰，只靠自己达成完全的圆满。他甚至有意识地回避与他人的情感关系，因为情感必然会展示人的脆弱面。可是，他的精神最终崩溃了。也可以说，在这个世界里，他无所依傍，最终回归了原始的癫狂。

天才，更像是某种神秘力量赐予人类的礼物。这些天才中，有一些人能留下非常珍贵的科学、文学、艺术成就，仿佛天外星辰掉落人间，让我们大开眼界表示惊叹。这些天才拓宽了我们认知与感知的疆域，让我们攀上了理性与情感的巅峰。

也恰恰因为他们像天外来客，超脱地与滚滚红尘总是保持着一种天然的距离，因此，更需要一份来自人间的爱——那是包容、理解、接纳与温暖。否则，他们就像没有地心引力的人，被抛在茫茫无际的宇宙黑洞里，最终像尼采那样，断掉与人世间的最后一丝联结。

该不该纵容狗吃屎的本性

狗天性爱吃屎。如果把狗当作宠物，体面点儿的主人，都不会任由宠物的“天性”行事，在狗吃屎的时候，一定会阻止。

人也有一些天性，如偷懒、贪婪、肉欲、虚荣……这些天性在某种不受约束的环境下，就会变成肆意侵犯甚至践踏他人的恶行。这比狗爱吃屎要“恶”很多——狗吃屎，只是人看来恶心，对狗而言，它还是甘之如饴的；人若作恶，则可以做出逼迫他人吃屎的行为来。

既然是本性，就不会有任何一只狗突然提议说：我们不要再吃屎了，这让我们看起来很愚蠢。只有人，才会让狗的行为变得更体面一些。

人也无例外，不存在没有道德缺陷的完人，所以有了高人一等的“神”，由“神”来监督人的行为。人类很奇怪，他们意识到自己的天性之恶，却又无力抵抗；因此他们既傲慢（因为有独一无二的觉醒），又感到卑微（因为自我的弱点是永恒的，即使在不断完善中，也会漏洞百出）。

尼采说：人是一根系在动物和超人之间的绳索。这种矛盾的集合，造成了人的痛苦。“顺其自然”，对狗来说很容易，对人来说，却有重重精神障碍。

那么，如果真有神，他是应该怜悯人的弱点，宽恕人的一切罪过；还是在人像狗一样“吃屎”的时候，给予人类惩罚呢？

以上类比，不甚雅观，但有利于我厘清思路。这是我在看完《狗镇》，试图考虑清楚的一些问题。

《狗镇》说的是这样一个故事。一个普通的美国小镇，看起来和任何普通的小镇一样，突然闯进了一个神秘女子格蕾丝，她正在逃避黑帮的追杀。镇中的作家汤姆力劝村民留下这个女子，让她暂时在镇里避过难关，条件就是格蕾丝要干各种农活来偿还。人们同意了，不久后却发现格蕾丝是一个通缉中的逃犯。他们认为格蕾丝必须付出更高的代价才能留下来，于是格蕾丝更卖力地干活，小镇居民却越来越不满意。

由于她的弱势地位，一个对她觊觎已久的镇民强暴了格蕾丝。龌龊就此拉开序幕：她试图逃跑，却被人用狗链拴住脖子；因为没有行动自由，镇上所有的男人都可以随意污辱她，格蕾丝沦为镇上的一条“母狗”……

有人说这是一部反人类的电影，未免大惊小怪。如果把真实的人性赤裸裸地表现出来，就是反人类的话，那人类也太胆怯和懦弱了。一懦弱，就容易掩盖真相，美化丑陋。真的勇士，敢于面对惨淡的人生，也敢于面对丑陋的人性和同胞。不对丑陋胆怯，不美化丑陋，是为首善。

社会心理学史上有个真实的实验，是津巴多教授在1971年进行的“斯坦福监狱实验”。他建了一个模拟的监狱，把24名各方面指标都显示正常的学生分成两组，一组为“囚犯”，一组为“看守”。由于模拟的环境十分真实，这些学生很快就进入所扮演的角色，“看守”渐渐显示出虐待狂病态人格，而“囚犯”显示出极端被动和沮丧状态。在实验进行到第三十六小时的时候，一名“囚犯”就因受到极度精神压力而出现哭泣、咒骂等各种各样歇斯底里的症状而退出了实验。实验仅仅进行了不到两天的时间，一个“正常的、心理健康的”好人已经被一群“正常的、心理健康的”好人折磨得濒临崩溃。原本计划两周的实验，最后在第六天就不得不结束。

《狗镇》并不新鲜，因为它不过是“斯坦福监狱实验”的变相翻版而已。“斯坦福监狱实验”也不过是诸如“犹太人大屠杀”的罪恶原型而已。一个普通人老实本分，很大可能只是没有权力，不敢露出动物的本性，但不代表他没有这样的本性。普通人的“小恶”可能更深幽，是杀人不见血的。鲁迅和张爱玲都写小人物的“恶”，写小市民的麻木、狭隘和狠毒。这些不够美好，却注定比“我们的生活是花园，花园里的花朵真鲜艳”要有生命力。

但《狗镇》的第一主题，却不是人性之恶，而是“是否要宽恕人性之恶”。它借格蕾丝的口来问：为什么我不能慈悲？人无法逃离天性和环境的制约，要为他们的天性，以及他们无法选择的环境惩罚他们吗？

格蕾丝试图做一个“神”的角色。她像“神”一样试图理解和宽恕这些镇民的罪恶，她像耶稣一样受苦，却怜悯着那些有罪的人。

这部长达三小时的电影，最后三十分钟才是主题的水落石出。格蕾丝的父亲其实是黑帮老大，他最后找到了格蕾丝，并打算杀光镇上所有的人。他们有一段激烈的对话。格蕾丝认为他父亲所做的事是“用权力耍流氓”，是“傲慢的”和“恶的”。这个黑帮老大主要对女儿说了几句话，我的理解，有这几点意思：

一、他认为格蕾丝才是世界上最傲慢的人。因为她竟然试图用“神”的身份来宽恕他人，将自己置于道德的制高点，俯视众生，没有比这更傲慢的了。如果她的道德标准对自己和对别人不一致，那就是最大的傲慢或伪善。

二、任何人都要为自己所做的事负责和付出代价，而格蕾丝竟然要剥夺人的这种权利，让他们没有机会负责和偿还，没有比这更傲慢的了。

三、人和狗差不多，但是狗可以学会很多东西，只要人不纵容狗的天性。

四、你觉得他们真的别无选择、做得足够好了吗？

格蕾丝想了一阵，她终于学会用统一的道德标准来问自己两个问题——如果是她，是她做出小镇居民的行为，她会原谅自己吗？如果她一直生活在这里，不知不觉变成他们中的一员，她是否可以做得更好，如果没有，那她值得原谅吗？

她一下子就想明白了。她绝不会原谅自己做出这样龌龊的罪行，如果她真的变成和他们一样的人，也该有人来惩罚她，因为，为了“善”，这种恶不值得原谅；以“善”的名义，必须受到惩罚。

想明白这个问题后，她干净利落地枪杀了全镇所有的居民。她说，“为了一个更好的世界”，这是有悖论的，因为说着这句话的她，还是站在了道德制高点上。

这部电影的点睛之句，就是：人和狗差不多，但是狗可以学会很多东西，只要人不纵容狗的天性。

导演是想说，人可以变得更好，只要“神”不纵容人的天性。可是“神”在哪里呢？大部分时候，都是由“超人的我”鞭打着“动物的我”，来坚持着那看不见摸不着的“善”。可是，就像拔河一样，如果绳子上判断输赢的坐标不是一个点，而是一段模糊的距离，如何知道自己站在哪一边呢？

濮存昕做过很多慈善活动。他说过一件往事，“文化大革命”期间，他曾作为红卫兵批斗过一个教授老太太，几天后，那个老太太就死了。后来的岁月里他一直良心不安。“良心”这个东西，会在某些特殊时期消失不见，人成为麻木或凶残的动物，机械行事；但只要不泯灭，就一定有“超人”和“动物”的交锋。有这种交锋，说明还有两种势力；如果没有交锋，就一定是良心完全死了。因为，这世界上怎么可能有100%的“超人”呢？真以为人能变成“神”啊！——太傲慢了！

傲慢可是七宗罪之首。

没有比生活方式更个人的事

不上班的一个好处是，以往挤不上去的公交车，错开了上下班高峰，竟然常常是有许多空位的。如果要外出，我就挑这幸福又人少的时段，找一个靠窗的落了一点阳光的位子，随着微微摇晃、时靠时停的公交车，看一看车外的树和人。

我就在这样的时段里，莫名想起了我的两个女同学——一个小学同学，一个大学同学。小学同学有一个非常美的名字，她的名字在我认识的所有人当中鹤立鸡群，让人过目不忘，而且很容易令人遐想到中国古典诗词里才有的杳渺意境。她的长相也和名字相配，惹人多看两眼。我认识她时，我们都是从四年级的普通班转到一个重点班，很自然地成了朋友。她的学习成绩很好，看起来是个美好故事的开端。从10岁到

14岁，我们的关系都非常好，她愿意和我说从来不和他人分享的事，比如她那有点变态的继父，她看的无数个侦探故事，还有她偷偷写的小说。可14岁的高一以后，我和她就没有什么交集了。我后面的记忆里再也没有她的存在，她就像一个闯入电视剧里的奇怪角色，在某一集后就再也没有出现过。

为什么会这样呢？回忆是一条狗，拼命嗅着，嗅着一点点有关的气味，路线就豁然明朗，我渐渐想起来——哦，是因为她变得越来越古怪。先是老师不喜欢她，从初三起，明明有潜力的她却不愿用功学习，后来偶尔旷课，对老师的责骂也是一副麻木不仁的样子，老师气不过，当众大骂她“蠢货”，她的成绩落入差生行列。她的性格也开始变得尖酸刻薄，要么不搭理人，要么爱嘲讽人；最后连她的脸形和身材也在青春期从女孩蜕变少女的过程中自暴自弃，越来越圆，终于甩掉了最后一点灵气，彻底“泯然众人”，再没有人愿意多看她一眼。至于我和她的情谊，因为可说的话越来越少，也渐渐没了。

大学同学是我的室友，她就更奇怪了，在大学的后两年从不去上课，只窝在宿舍打游戏和看电影。有人议论她是同性恋，她爱穿宽大的运动服，从不穿裙子，我们也亲眼见过她手写书信和亲自做礼物给我们系的另一个女生，但她说只是单纯欣赏那个女生。没人知道真相。她收藏和日本相关的一切物品，每天踩着一双木屐在宿舍嗒嗒嗒地走来走去，大冬天也如此。她有很多奇思妙想，卧谈时常常会一语惊人。但她抗拒一切社交，几乎从不走出宿舍门和人打交道。最后，她学分远远不够，毕不了业。在我们穿着学士袍四处拍照时，她沉默地收拾行李，就这样沉默地消失了。在毕业一年后，我们几个室友突然谈起她，谁也不知道她的去向。

时隔多年，我突然想起，她们如今在哪儿呢？在这个焦虑症和强迫症流行的时代里做着什么呢？在我们眼里被她们浪费掉的人生，是否有特别的变化？还有人会知道她们或许越来越平庸的外表下有一颗敏感的心（它们至少留下了光影在我的回忆里）吗？

为什么会莫名想起她们呢？我想是和我在这个空荡荡的公共汽车上有关。像上战场一样挤上公交的人不会知道它落寞冷清的时刻。我像从一条汹涌的大河里溜了出来，溜入了它微小的细枝末节中，记忆中许多早已被遗忘的小人物和碎片突然都浮现了出来，历历在目。当我的身体与头脑都丧失了竞争意识，坐着空空的公交车来来往往的时候，我已经成为一个少数派的边缘人，就和她们一样——当我头也不偏地飞奔在争取社会认可的路途时，她们颓废地退出了，成为我眼中的边缘人，很快就彻底消失在我的视线里。

在我那曾引以为豪的上进心与意志力严重缺席的人生阶段，我才明白，生活的选择——活着的方式的选择，是多么个人化的一件事。在我浑身充满力量的时候，我怎么可能理解那些正在丧失欲望和企图心的人。他们在某种程度上放弃了证明自己，放弃了对这个世界的渴望，自动沦落成一事无成的隐形人。我们可以像促销员一样跺着脚、踩着节拍、用激动人心的声音劝说她们拿出一点勇气和斗志来，远离这种孱弱的、边缘的、没有谈资、“不值得一过”的人生。但讽刺的是，不知道什么时候，我们也许会变成她们其中的一员，对任何刺激都懒得回应，如同一头凶猛的豹子忽然得了致命的流感。是的，你不会知道这一点。多奇怪啊。

这就是“生活”的诡秘与惊险之处。

从刘瑜到小说

《余欢》收录了刘瑜在纽约留学早期写的两篇小说：《孤独得像一颗星球》和《那么，爱呢？》。这本书在2007年静静地出版，即使五年后她的《民主的细节》卖了30万册，也没有多少人知道她写过小说。已经转型为公共知识分子的她，也很少再提及它了——而在这之前，她曾经在个人博客里给自己的小说轰轰烈烈地打广告："要上半身有上半身，要下半身有下半身。"

刘瑜的小说被低估了，从我个人的喜好来看，她完胜张小娴、安妮宝贝等人。当然她不是以营造情绪和氛围擅长，她的武器是思考和分析，她从来没有把爱当作一件稀里糊涂的事，她要把爱情和人生一起放在手术台上，认真地解剖来解剖去。她的风格，就像她理解的爱情，不是缠绵火热的，而是“冷的，硬的，锋利的，有金属的质地”。

对于一个对世界太好奇、无论什么都爱问个为什么的人来说，这是多么熟悉的经历啊。爱情也不能例外啊，不能因为它是感性的产物就放弃理性剖析它的权利啊。

《孤独得像一颗星球》明显有她个人的恋爱经历。里面最蜇痛我的一句话是：“为什么会这么爱一个并不爱的人啊？”她的许多疑问都曾在我脑子里无数次地响起。你知道，这就是阅读让人既激动又气馁的地方：激动的是有一个同类，气馁的是发现自己一点也不特别，好多想法其他人早就有了。看着她也曾在鸡肋般的恋爱现实和对现实的不甘心以及对远方的憧憬之间来回折腾、疲倦不堪，这个女人在我眼里越发可爱了。她为《兔子三部曲》写的书评“自我是一个深渊，它如此庞大，爱情不可填补”，现在看起来更像是对自己的无情鞭挞。

爱情与远方，是个永恒的主题。要为生活追求出一个终极答案的人，怎么可能安心于一段暂时的恋爱关系，何况这段恋爱关系终究会和琐碎的一地鸡毛融为一体、不分彼此？崔健的《花房姑娘》唱道：“你要我留在这地方，你要我和它们一样，我看着你默默地说，噢——不能这样……”是的，追寻答案的人若将世俗的爱情关系当作救星，是一定会失望的。

一个写小说的刘瑜比一个写政治专栏的刘瑜更可爱。这个发现，又再一次巩固我所发现的小说的意义。写政治专栏的，是一个社会身份，是实在的公开的；写小说的，甚至可以不是一个身份。小说的本质是虚构，一个作者的一切肉身特征都可以隐藏在这虚构后面，他/她可以忘记自己的社会属性，甚至完全忘我，这样反而达到将感受和体验最大化接近真实的状态。

对，我没说错，虚构的手段更有助于表达我们这个世界的真实。因为真实就是复杂的、多变的、流动的、微妙的、多义的、难以把握的、有一切可能的、在向无数个维度不断生长的——只有小说才能呈现这样的复杂性。在这个巨大的复杂面前，政治、政府、改良、革命……都只是其中的一个维度。政治专栏是明确的，不能含糊的，而生活恰恰在各种含糊里，日复一日。

更何况，虚构里还有一样最宝贵的东西：那些人类肉眼看不见的想象力。

我在很长一段时间里不喜欢看小说，错过了许多。学了新闻之后，也渐渐有了媒体人的通病：自诩为真理的化身，以及特别喜欢发现真理，每天都能在各种新闻里找到道德优越感，都能下一个价值判断。

我也曾受益于当然也会继续受益于许多知识分子的文章，他们训练了我的思维。但是，你知道，许多知识分子的口号也正是为鼓励自己而呐喊的。一个人不能永远做到像一支铿锵有力的队伍那样积极勇猛，作为人类，我们有太多脆弱、柔软、失败、恐惧、伤心、忧郁、灰暗……如果不能面对这些，我们就是一个患了夜盲症的金刚侠，既曲解了我们的生活，也走不了太远。

在我阅读了一些好小说和好诗歌以后，我才慢慢意识到自己以前的单调与单一。世界哪有那么粗暴简单。以前我只看到一个扁平的地面，但后来虚构的写作艺术让我看到一个缓缓升起的苍穹，我好像第一次看见球形的天空，那是不一样的震撼。

可惜刘瑜不再写小说了。

梦的碎片

这样的记梦系列，几乎可以一直持续下去。因为每天晚上，都会有几个梦，如同冷笑着的黑色天使，降临在我的睡眠里。等我醒来，她们就扑通扑通飞走了，留下一地鸟毛。

能留下鸟毛的，算是很慷慨的。50%的梦，醒来后是一点也想不起了。有20%的梦，只留下几个关键元素和小碎片，怎么也拼凑不成连贯的情节。有20%的梦，有小段小段的情节，但就像四分五裂的尸体，分布在毛里求斯、印尼群岛、斯堪的纳维亚半岛、克里特岛，我必须要使出哥伦布的力气，才能把它们拖到一起来。只剩10%的梦，在醒来后，还能从头到尾地完整回忆一遍。

记梦，多少有点奇怪的行为。而我却意识到梦对我的意义。

在现实中，我没有太多情绪的起伏。我既不多么快乐，也不多么悲伤；我可以是anybody，也可以是nobody；我可以做任何事，也可以做任何事都不走心。当然，我也会笑也会哭，但那只是风和日丽的春天里湖水泛起的温柔涟漪而已。

而在梦里，我的怕，我的痛，我的爱，我的愤怒，我的哀伤，就像潜伏在湖里的大鱼，露出锋利闪亮的牙齿，跃出水面，翻起巨浪，必须让我看见。

梦，让我看见一个陌生的自己，一个让自己害怕的人。我选择视而不见，或者，在我能承受的范围里，记下来。

一、科幻片

房间里，有我和另一个人，他不停地劝说我，我“现在”不在北京，也不在地球上。

我说，怎么可能？我明明就在北京啊，我不久前还去逛街、K歌了呢。

他语气笃定：真的不是。

我想他是个神经病，又想来蛊惑我了。

他叫我闭上眼睛，让我用脚后跟不断蹬地，然后我们就飞了起来，他带我飞越了我的几十个前世。如果我要继续，还有更多的前世。

看完这一切，我不得不相信，我真实地活在另一个空间。至于“我”所拥有的一切记忆，“我”的城市，“我”遇到的人，都只不过是我的前世之一。

在这个空间里的我，才是真的我。我一个人，这里没有城市，没有人群，没有动物，没有食物，只有他一个人陪伴——没有性别，还有个看起来有点模样的、有简单桌椅的房间。至于房间外面，我不知道是什么，直觉告诉我，那或许是白茫茫的一片。

确实，应该不是地球。

这是哪儿呢？时间的尽头，空间的尽头，还是时间和空间都遗忘了、都不愿意出席的一个隙缝？

我在这里做了什么，我一点也不记得，因为，真实的孤独的我宁愿沉醉在前世的回忆里。等我在这一个前世里死去，结束了，我就继续活在另一个前世的记忆里。我有很多个前世，我就选择一直这样轮回。

我只有一个真实的肉体，一个长生不老的身体。

但，我有无数个“我”。我不知道，下一次，“我”会以何种面貌出现。

我对他说，我有点懂了，难怪我的头总有点晕晕的。

我说，反正在这儿也没什么事好做的，那我继续睡去了。

二、恐怖片

我是一个旁观者。

一个中年男人来幼儿园找自己的女儿，在教室的走廊等她。

小女孩出来，爸爸蹲着和她说了几句话。突然，爸爸听到教室里的女老师在教课，他仔细辨认女老师的声音，那种方言，那种语调，是他终生难忘的。

他想起在四五岁的时候上幼儿园，也是这样一个声音在教自己，他一算，这已经过去三十多年了，那个女老师按理不可能出现在这个遥远的地方；女儿好像也说过，她们的女老师才二十多岁，很年轻。

他突然紧张起来。自从踏进这个幼儿园，他就感觉到一种奇怪的氛围。

他终于确认，这是一个被施了魔咒的地方，他的小女儿被困在这里了。

这里是魂魄聚集的地方，收录的都是悲戚的灵魂。一个人在一生中总有最悲伤的时候，他/她在那个时候的魂魄就被永远留在了这里。

在现实里，这些人开始遗忘，会像一个正常人继续新的生活：工作、吃喝、玩乐、恋爱、做爱……他们不知道，自己某个时段的灵魂已经逃脱出来，离他/她而去，被留在一个施了魔咒的地方。如果问起他们那段特殊的日子，他们多半已经记不得了。因为丢了魂，所以接近失忆。

这个爸爸想起来，记忆里，那个女老师总是很悲伤的样子，苍白的脸，总是失魂落魄的。

我这个旁观者，和他一样，越来越恐惧，他拉起小女儿的手说，我们快跑！

听到外面的声响，女老师从教室里夺门而出，想要把他们抓回来。她像吸血鬼一样，需要活人的气息，给她温热，给她保持悲伤的生命动力。

爸爸从口袋里掏出一个橘子，往女老师身上扔，快击中的时候，橘子撞碎了一层玻璃般的冰块，哗啦啦掉了一地。我们这才看清，她的身体，裹着一层肉眼看不见的寒气。

爸爸和小女孩拐进了一条小巷，女老师也执着地追去了。

结果……

结果，我太紧张，我醒了。我不知道他们的结局。

三、颜色

曾经有个研究梦的心理学家得出了一个结论：梦是没有颜色的。

看到这个结论的时候，我想了许久，好像确实记不得自己做过的梦里，有颜色这回事。就像盗梦空间里，记不得梦的开头一样。

但是最近我做了两个颜色非常绚丽的梦，原来这个结论是错的。

在一个梦里，我看到了孔雀蓝的大海，那种蓝，肆意大胆得像龙卷风一样，和我曾看到的任何一种蓝色都不一样；那大海掀起一阵又一阵孔雀蓝的波浪，简直要把天空和海岸都染成那同一种颜色。我看呆了。我要把它留下来，于是我让身边的人给我拍照，我就站在这片惊叹的蓝色前。可惜相机并不能还原那种色彩。我失望了，只能把时间都花在观看上，不被任何动作和声音干扰，我要记住这种颜色。后来，那片海还曾在某几个瞬间变成浓烈的粉红色。这两种颜色都是那么饱满，仿佛被附上了野性的生命，像凡·高特别爱用的那些颜色，带着跳跃的火苗的生命力。总之，我被我梦里所呈现的那不可思议的颜色，所征服了。

在另一个稍远一点的梦里，我在一片水洼里曾看到一座斑斓的宫殿的倒影，形状有点类似于泰姬陵那样的，那一刻我对自己说，记住，它是有颜色的。然后这个意识就一直延伸到我醒来。

就像在现实生活里，你永远不知道下一步会发生什么一样，我也永远不知道下一个梦会让我体验到什么。

答案在风中飘荡

某天夜里，我如常打开文档，想要写下一篇文章。写作对于我，很少是一件焦虑的事，我一来是为了表达，二来是为了稿费，所以我一直恪守着诚实的原则，只说自己相信的话，绝不宣扬自己不信的东西。但是那一天，奇怪的事发生了。往常，当我打算敲字时，我仿佛置身于傍晚阴晦时漫天的萤火虫之中，那些语句与观点，围着我亮晶晶地飞舞，我随手就能抓下一把，然后洋洋洒洒地把字一个一个地敲出来。但是，那天，我却置身于一场古老的大雪之中，世界静默不语，茫茫浑然，所有的路径，我曾经踏出来的清晰的路径，都被淹没了，没有彼与此的分别。我从哪里来？要往哪里去？我被巨大的困惑捉住——我，失语了。

我曾和朋友说过，我成为一个研究爱和情感的人，是因为我的问题比任何人都多，我比任何人都好奇；是答案诱惑着我，去了解他人，去查找资料，去观察、对比与思索。我多么希望自己在痛苦时，有个答案能像仙女的魔法棒一样，点醒我，消除我的挣扎；我也希望，我可以将自己领悟到的关于幸福的真谛，传递给那些需要的人，以举手之劳，让他们也获得平静。

我曾憧憬古希腊的那些哲学家。他们探索自然，也探索生活的智慧；他们头脑清醒，井井有条，洞察生活的起起落落。他们就像最好的水手，了解风云、星星和波浪的变化，驾驭着自己那一叶扁舟，从容不迫，在有限的时间内，过完他们心满意足的一生。我羡慕他们的活法，也曾希望能像小学徒一样，得到他们亲授的锦囊，然后就像传说中的故事一样，保我一世大智无忧。

可我真的得到答案了吗？扪心自问，我摇头。我失语，是我害怕，我会自大到以为自己是真理。尽管勒庞在《乌合之众》里教育我，要想让他人信服，就是要“做出简洁有力的断言，不理睬任何推理和证据……一个断言越是简单明了，就越有威力”。然而，对我来说，说服自己比说服他人更难。利用他人的人性弱点，鼓吹他们去迷信连我自己都怀疑的东西，是一件我无法从中得到快乐的事。

《小城畸人》里有一句话我可能终生难忘：“一个人一旦为自己掌握一个真理，称之为他的真理，并且努力依此真理过他的生活时，他便变成畸人，他拥抱的真理便变成虚妄。”它提醒着我，怀疑主义者，尽管看似犹豫不决、不那么坚定武断，也许正有他自己的高贵。那天夜里，我就是再一次被怀疑主义占据了思维，不敢下笔。关于情感与爱，涉及人类心灵最微妙、最脆弱又最狡黠多变的部分，我见到越多的人，就越不敢下定论，更不敢打包票自己得到了哪怕一个小问题的答案。我自己也是众多迷途人中的一个。我问我自己：“你知道你知道些什么吗？你写的，是确凿无误的吗？你提供的，是真的答案吗？”

我一个也回答不上来。我关掉了文档，感觉不会再写了。我躺在床上，同时也躺在一个寂静的谜语里。几个夜晚过后，这个谜语给了我新的启示：我的错误，在于我的贪心。让我停止不前的，是那个大大的确切的答案——我相信，一切都有个正确的答案。对于求知的人来说，答案是那么有诱惑力的目标，为了它，我可以不惧怕途中的一切困苦，就像唐三藏闯了八十一关，和妖怪一一过招也要执着于那本真经。可是有一天，我发现，答案只是镜花水月，我或许永远也得不到它，那我就不愿意再走了，因为我认为一切都是徒劳。但是，我忘了另一个更大的可能性：一切的一切，原本就是没有答案的。

我的贪心在于要一个滴水不漏的终极答案。这怎么可能？几千年来，哲学里提出的问题，并没有得到解答。几千年来，男男女女在爱情中狂喜、失落、牺牲、憎恨，除了几个圣人，也没有人能摆脱这红尘的规律。我只是一个小小的专栏作者，却妄图背负起一个不负天下人的答案，难怪会被自己压迫到失语。

我想起在一个金色的下午，我和一个台湾心理咨询师席地而谈。我们从生活中最困惑的事开始谈起，我们都是无法安分地接受“存在即合理”的简单逻辑而要追问出某个答案的人。她告诉我她的经历，她上过许多“大师”的课程，包括世界上最有名望的一些人。一开始，她抱着崇敬的心理接受了一套体系的答案，但过了一段时间，她就发现这些答案都有漏洞，从而产生怀疑，甚至丢弃。到最后，她发现，没有任何一个“大师”的解释能让她完全认可。她现在能够坦然接受没有确切答案的生活状态，不为自己设限。她说，未知并不可怕，过分需要一个万能的答案，只是太害怕失控的表现。

将我从“未知的恐惧”里解救出来的，还有两个女诗人：狄金森和辛波斯卡。狄金森说：“造物主创造了所有的灵魂，而我只选择其中之一。”局限也有它的尊严和美。辛波斯卡则让我明白，对着一个如此庞大的世界，个人的偏爱是万分重要的。她写过一首名为《种种可能》的小诗：“我偏爱电影，我偏爱猫，我偏爱华尔塔河沿岸的橡树。我偏爱狄更斯胜过陀思妥耶夫斯基……我偏爱混乱的地狱胜过秩序井然的地狱，我偏爱格林童话胜过报纸头版，我偏爱不开花的叶子胜过不长叶子的花。”这两个女人都让我理解到个体的重要、选择的力量，以及那种坚韧又炽烈的对生命的热爱。

最终的答案是一个永远到不了的远方，这个事实虽然让我气馁了一阵，却也让我更愉快地接纳了“暂时答案”的意义：就像攀岩时，一个又一个的“暂时答案”是我们手握脚踏的支点，支撑我们去看更高远的或者仅仅是更独特的风景。

我描写爱与生活，但我不想成为任何一种爱和生活的狂热代言人；我写出我的偏爱，和我暂时的答案，看客尽可以从中提取他们喜欢和需要的。至于终极答案，就让它像一首老歌唱的那样，让它“在风中飘荡，在风中飘荡”吧。

务虚笔记四则

引子：一本书引发的务虚之旅

我不知道在今年的未来三分之二时间里我还会遇到哪些书，但几乎可以肯定，《神话的力量》将会是今年影响我最大的三本书之一。

人和书的相遇，最好的状态也是：没有早一步，也没有晚一步，噢，原来你也在这里。

许多独自摸索、看得到一点零星的曙光却又不自信而徘徊许久的问题，恰好因为和书的相遇，而撞开了一片豁然开朗的天地来。能有这样的缘分，不得不感叹世界的奇妙、阅读的奇妙。

或许在我遇到这些问题之前，我只会对它路遇而不斜视，但是“时机”让它变成一个浑身散发魅力的大帅哥，令我深深着迷。这也是为什么我很难给别人推荐书，因为我是在用谈恋爱的方式看书，我不相信一个男人或一本书能吸引所有人。

在看《神话的力量》时，我用铅笔在上面画满了符号，几乎每一页都有。然而，在写读书笔记时，我决定迎接一个挑战：我不想引用它里面的任何一句话。我想看看，在读完它之后，把它抛到一边去，我还剩下些什么——这才是它留给我的。

（本来这只是一篇简单的读书笔记的开头，但后来写着写着，已经脱离了读书笔记的范畴了，更多的是自己的体验和思考。书看完以后基本都会忘掉，只有一些有缘分的观点会留在脑子里——有些会慢慢遗弃掉，有些会产生化学反应，有些会不断发酵。都由它们去，一个人的思维正是这样不断形成和变化的。“务虚笔记”这个名字，更适合这些云朵一样来来往往、飘然而至又翩然而去的想法。）

一、狂奔之后的虚无

在我工作裸辞前后的一年多里，我对生命的看法经历了一系列的变化，到最后导致了很深的抑郁。最开始是不满，不满足于那种高度机械化和程序化的都市生活，对推崇计谋与竞争的职场感到深刻厌倦，对每天被地铁里的人流卷来推去感到悲凉；觉得自己是一架麻木的机器，行尸走肉，急切地渴望自由和恢复“生命本来的样子”。在我的理解里，生命本来的样子，就应当是真实、自然、不戴面具、让内心的感受自然流动的。我在一种坚决又平静的状态下辞职，奢侈地花掉几个月的时间，做一切自己想做的事：旅游，发呆，看书，写故事，睡觉。

发呆是最常做的事，我喜欢那种思想空白的状态，在那种真空的时刻里，我有几次确实体验到，一种接近于“永恒”的难以言状的东西——未来过去都在当下汇集，眼前的一切都很熟悉，恍惚在许多个前世都曾遇见过。这些时候转瞬即逝，但我知道它的珍贵。我知道不用为了生存而汲汲营营去遵守大多数人的规则是多么幸福的事，我珍惜那些时刻；但再珍惜，它们也终将如流水逝去。逝者如斯。人无法固定在时间的河流里。我悲伤的是，不知道还有没有下次的重逢，不知道还要等多久。我没吸过毒，但我猜测，吸毒后的感觉应该会和这种体验类似：就是在一种极其超脱的精神高潮过后，突然又被抛入满目荒蛮又无聊的现实中。那高潮是一种鬼魅，只有你自己知道它存在过，但正因为只有你知道，你无法向他人证明，所以也会怀疑它是否真的存在过。

接下来我进入了一种和世俗生活试图和解又强烈抵抗又无能为力又颓废悲观的循环中。我放任我享受一切我盼望的，也像那个“走开，别挡着我的阳光”的犬儒派始祖放浪形骸过，妄图能看空一切，放下一切，将从小到大就如影随形的焦虑狠狠驱逐掉。我当然是失败了。危机感和焦虑感，无论我跑得多快多偏，它们总能找到我，因为我养了它们二十多年，它们太熟悉我了。倘若能一直心安理得地做个边缘人，或出家做了和尚，那倒真正说明是个清心寡欲的人了。可我显然不是。我还在纠结于买房呢，还在想象着自己的房子里要用什么颜色的桌布，沙发上方还有没有空间放书，阳台上要摆哪些多肉植物，阳光斜照进来的地板上要铺一片Hello Kitty还是Snoopy的地毯。我还是惦记并执着于那些世俗的小快乐，而这些小快乐显然是有代价的：工作去，继续那熟悉的日复一日的工作，继续在9点出现在地铁，在格子间里待满一天，在合适的时候对人微笑或严厉，继续写PPT和分析数据。

然后我最大的问题来了。我找了几份工作，可在拿到offer 的时候，就退缩和放弃了，甚至在好几次面试中出现了恍惚出神的情况。我发现我无法说违心的话，我无法保证和承诺什么，更无法接受那种打鸡血把不认同的东西当作真理的状态。我不得不接受自己这种“无能为力”。按我二十多年的斗争史来看，我这时候已经几乎沦为一个“废人”——不能亢奋地工作，不能对人说谎，不能掩饰自己的感情，不能做自己厌恶的事，不能集中注意力。整个人像个气球一样浮在空中，以一种最真实的状态虚无缥缈着。

只有我自己知道我曾经有的一切“能力”都从我身体中脱水而去，而我只能花尽最后一点力气维持住一个相对体面正常的形象。朋友仍然重要，但我并不热衷于和人打交道，我整天整天地待在家里，甚至觉得不用和人说话很好。我前所未有地接近生命的静止状态，极端美好又极端危险。我也给自己定了一些目标，可我那怀疑主义者的坏毛病又渐渐严重。我就像个滑稽的农民，在土地里挖着坑种土豆，挖着挖着就在想我为什么要种土豆呢，种土豆有什么意义呢，好像没有什么意义啊，然后就对着挖了一半的坑很愤怒；或者最后硬着头皮把坑挖完了，播下种子，种子都发芽了，眼看要长出土豆了，最后我还是觉得没什么意义，扔下还埋在地里的土豆就走了。

那时候我偶尔会想起一个小故事，说王徽之看到下大雪，突发兴致，就去山中拜访一个好友，走了半天到了门口，还未敲门却又回去了，因为“兴致没了”。兴致没了就是狗尾续貂，我也这么觉得。我也前所未有地理解了《百年孤独》里把金子雕刻成精巧的小鱼又熔掉又重新雕刻小鱼的那个荒诞的人（原谅我忘记了他那长长的名字）。

可这样的随心所欲开始滑向一个很深的危机：我彻底虚无了；我找不到欲望和意义；什么都可以是，什么也可以不是（To be or not to be）。当它是个问题时，说明人生还有可探求的，还在计较什么。怕的就是，连To be or not to be都已经无所谓了。一个什么都不计较的人，看似无欲无求了，可生命也彻底透明了、消失了。我不知道那些所谓真正看透的佛家子弟，为什么还好好活着。既然是一副臭皮囊，又为何这么贪念不已呢？如果他还在计较心灵是否虔诚，世界是否和平，佛祖是否受到亵渎，众生是否可以普度，那又怎可以算是“无处惹尘埃”呢？明明就满是尘埃啊。如果他什么都不计较，那他又在想些什么呢？

真的进入真空状态，活着不活着也就是一件不那么重要的事了。这样一想，我就更不明白那么多熙熙攘攘、忙忙碌碌都是为了什么。连前提命题都被否认了，后面还去计算什么呢？我开始钻牛角尖了：一切是为了什么呢？为了什么呢？为了什么呢？它就像试卷里的第一题，我怎么也没有办法跳过去答后面的题目。

其实，这样的虚无之雾在我的有生之年，曾多次侵入我的大脑，只不过在忙于应付各种竞争的时候，它可以很轻易地被隐藏起来。而我在狂奔中一旦停下来，它就带着“新仇旧账”，汹涌地将我包围了。

二、关于生命的残忍

我认为，对生命之残忍的认识，是随着年纪增长越来越有体会的。人小时候天生有原始邪恶的暴力冲动，比如喜欢折磨小动物，爱捉弄有缺陷的人。更何况我们在一种强烈鼓励竞争的环境里长大，弱者和输家是最不值得同情的，更不要说去想一想这竞争背后的逻辑公正与否。超越他人、打败他人曾给我带来无数快感和存在感、价值感。我的眼光也曾像舞台上的聚光灯一样范围狭窄，只看得到自己的生活，其他人一概在黑暗中隐形，轻贱如蜉蝣。

一个新兵蛋子很难感受到战争的残忍，反而满怀激情与憧憬，想象立下一番战功的情景。初入生命战场的我们，就是这样一个新兵。可渐渐地，他若还有点理智，就会看到被炸断的胳膊、流着脑浆的头、挂在树上的肠子；而他自己，也很可能丢了手，瞎了眼，屁股上挨了子弹。等到岁月积累到一定程度，他就会明白，在这个战场上，他和众人无异。众人的遭遇就是他，他的遭遇也是众人。敌对双方，不过是表面的争夺；本质的战争，是你终究会失去安全和完整，接受残缺和惶恐。

我也不知道自己是哪根筋搭错了，有一天突然对赚更多钱不感兴趣了。有一个周五的傍晚，我看到乌压压的人群在我眼前蔓延开来，像一条黑色的大河，席卷着惠新西街地铁站，而我也缓慢地自动地被卷了进去。那一刻，一向突出而狂狷的“自我”湮灭了，我有一种走向众生之感。我突然意识到，在世上这拥挤的由亿万人组成的大河里，“我”只是一个很脆弱的偶然性。只要有亿万分之一的偏差，我就可能是我左边的男人、右边的女人，或者前面骑着大人的小孩。

反正不知道是哪根筋搭错了，最自私的我竟然开始失去往上钻的兴趣，打量起旁人来。最开始是一种强烈的优越感：可怜之人必有可恨之处啊，有些人怎么这么愚昧、这么蠢，真是活该啊。可慢慢地，如果你再深究下去，问一下他们为什么那么蠢，优越感就轰然坍塌了——你以为你有自由意志选择这一切，其实恰恰是在你没有自由意志的时候，很多因素决定了你是否有这个自由意志选择这一切。比如一个人的父母、家庭和遗传天性都是无法选择的。你天生聪明就可以嘲笑那些天生愚笨的人吗？那更聪明的别人是不是又要同情和嘲笑不那么聪明的你呢？甚至于那些有意志力去改变懒惰的人，就有资格去嘲笑那不具备意志力去改变懒惰的人吗？

如果对人类历史再多一些对真相的执着，就会发现另一个难以改变的既定事实：恶人与恶势力远比一个个体所能想象的要更邪恶。叔本华的总结很到位：人类历史更多的是以匮乏、苦难和剥削，而不是以文明和教化作为主要内容。就在四十年前还有“文化大革命”呢，这不是某一个人的结果，而是全民参与的结果。一百年前种族歧视还以一种光鲜的姿态存在着，得到当时许多社会精英、知识分子的拥护。你会想这样一个问题：为什么一些稍微有点理性就可看出不正常的东西，却可以获得长久的正当性。从这个角度，人类根本不是哈姆雷特所说的万物之灵，而是一群盲目的犀牛走在一片大雾笼罩的森林里；比盲目的犀牛更可怕的，是他们还沾沾自喜、自以为是。

我辞职以后，因为整天无所事事，外出的话，常常在一个地方一待就是很久。然后我观察了很多人，结论是，很多人都过得很辛苦。就我个人而言，我通过在社会中的竞争优势，不用再住在城中村了，稍微远离了贫穷，但还是有很多人在忍受贫穷的折磨。特别是当我知道了生活中还有那么多美好的东西可以去享受，但那些人却毫不知情，他们的生命里除了忍耐和活下去，别无他物，我就感到酸楚。我确实非常能理解包法利夫人在看到金钱带来的更美好的生活时，再对比她自己的匮乏，那匮乏中深刻的失落以及不顾一切地飞蛾扑火。我从来不会去美化贫穷，我所看到的贫穷，都会对人的精神带来致命的伤害与扭曲，除非这个人的意志力非常强大。

除了贫穷，人还有不可逃避的老、病、离别以及各种苦楚。“天地不仁，以万物为刍狗”，是句很写实的话。抛开那无所不在的命运之网，弱肉强食，仍然是最大的游戏规则。我们和在丛林里与野兽搏斗的原始人并无两样，脆弱是奢侈的时刻，整体上，你要足够凶狠，足够警惕，才能存活下来；在有些时候，你还必须有魄力、眼皮不眨地牺牲别人。与其哭泣，不如行动，孱弱的人配不上这个世界。

就是这样一个世界。你说它美好，确实，它有美好的一面，就像蒙娜丽莎的微笑。但我真的不觉得可爱，在那蒙娜丽莎的微笑背后，我看得到一只狞笑的魔鬼。

我深深地感受到生命的残酷，并为此悲伤，这种悲伤简直无药可救。说出来更是显得可笑。自己活得一团糟，还管什么人类呢？没办法，人的想法就是一种“无缘无故”。里尔克说：此刻有谁在世上某处走/无缘无故在世上走/走向我/此刻有谁在世上某处死/无缘无故在世上死/望着我。我第一次看到这诗就震撼了，像有什么击穿了心胸，久别重逢。

后来我看《绿里奇迹》的时候，也是半天回不过神来。那个印第安人能感知到发生在这个世界上的痛苦，把自己折磨得半死。我没有这样的天赋，我只是看得到我眼睛所看到的东西；我只是知道不幸和苦难像一场不停的雨，每天都下在这个世界上，不是打在我身上，就是打在你身上。

我的抑郁有很多原因，追溯起来，是由几种观念交织造成的。不同的观念，看出去的世界是不一样的。心转，境则转。《盗梦空间》里说，人的观念才是最具有可塑性的寄生生物，人类一个简单的念头可以改变世界，重写一切游戏规则。

在生命残酷的观念上，《神话的力量》让我稍微调整了角度。于是，很神奇的，我好像没有那么悲观了。

三、悲观的解药

于是，很神奇的，我好像没有那么悲观了。

《神话的力量》做到这一点，并不是像《理性乐观派》那样给我展示了多么让人欢欣鼓舞的事实，而是让我更坚定地认识到了真相。你有没有发现，“悲观”是个主观情绪词语，而“真相”是不可改变的事实。

现在想起来，我的悲观是因为所想和所见发生了巨大的落差。我认为世界应该是那样的，但我看到的世界不是那样的，我就产生了极端抵触的情绪；而且我坚信，我认为的那个世界才是正宗的，才是对的；我拒绝接受看到的这个世界。

你认为生命残酷吗？作者坎贝尔对我说，是的，生命就是残酷的，而且这恰恰就是生命的本质。

坎贝尔为了研究神话，做了一个人类学家做的事，他研究了大量原始部落的生存状况和仪式。

他说，生命的本质就是：你吃掉别的生命存活下去，而别的生命又吃掉你。

原始人很早就意识到了这个本质。他们猎杀动物，知道动物也是有生命的，于是他们会举行一场仪式，感谢动物的牺牲成全了自己的存活，同时也感谢自然的赐予。当然，他们也对死亡没那么恐惧，他们知道，自己也不过是大自然中生命循环里的一环，他们也随时可能葬身野兽之口。

残酷吗？不，这就是事实。你吃掉别的生命，别的生命又将吃掉你——一万年前如此，一万年后也如此。可能只要地球存在着，生命存在着，哪怕再过一亿年，也是如此。

我在第三次看《燃情岁月》时，注意到一个细节，皮特饰演的那个男主角在一次重度负伤之后，昏迷在森林里，一个印第安老太太救了他。老太太养了几只非常乖顺的羊，她轻轻抚摸着一只羊，在它的耳边喃喃说着什么，像是在安慰着它，却又突然快速地将一把刀刺进了羊的肚子里，杀了它，然后用它的血和肉救活了皮特。她对生命的态度既温柔又决绝，却又是一体的。她不怜悯它，反而尊重它，它完成了一个使命，死去，一切都那么自然。在她眼里，这恰恰就是生命的本质。没有任何生命可以不消耗别的生命而活下去（植物也是生命）。

坎贝尔说，我们的食道就像一条长长的蛇，它一直在蠕动着、消耗着，一刻也不停。你无法否认也无法丢弃它，除非你否认和丢弃生命本身。它甚至已经超越了“恶”和“丑”的范畴，是的，它是比“恶”和“丑”更早、更原始的存在。它就在那里，像这个宇宙的存在一样。

看完电影《少年派的奇幻漂流》的时候，我还觉得挺难受的。派被救以后一开口说第二个故事，我就知道是真的：派吃了船上的人甚至自己妈妈的尸体，才得以在船上漂了几个月后存活下来。我的难受在于，这个吃了人的人，怎么能轻而易举地就将一个残酷的事实转化为一个关于信仰的美丽故事，心安理得地活了下来呢，还活得好好的。难道信仰的价值就是通过掩盖真相、美化事实来得到救赎吗？

这也涉及一个哲学问题：关于人的道德观。人究竟该做什么事？可以做什么事？什么是恶，什么是善？道德可不仅仅是“饭前便后要洗手”这样的规则。有人认为，人的道德感根本就是一个伪命题，因为它是依赖各种历史和社会条件才得以存在并不断变迁的，根本没有绝对的道德。如果把一个人推到一个终极的条件之下，道德还存在吗？还有意义吗？对这个问题，康德是说Yes的，他是认为有绝对的道德的。所以他才说了一句名言：“有两种东西，我对它们的思考越是深沉和持久，它们在我心灵中唤起的惊奇和敬畏就越是日新月异，不断增长，这就是我头上的星空和心中的道德定律。”

可是，康德也没回答人该不该吃人的道德问题呀，或者是他故意避开了这个问题。哈佛的《公正》课教授桑德尔也仅仅是提出了这个案例，而留下了仁者见仁、智者见智的悬念。这样看来，《少年派的奇幻漂流》的作者就比他们两个更有勇气，花了一本书的力气去面对这个问题，尽管最后的解答也不尽如人意。我猜想，康德忽视这个问题的原因在于，他认为它还未进化到“道德”的领域，他定义的“心中的道德定律”是有定语的：要有人心，要有人，也就先要有“人”这个活物，能正常地存活下来。而支持人活下来的恰恰就是那条一刻也不会停止索求和蠕动的食道。

不管康德先生愿不愿意回答，我们的少年派都做出了一个生命在宇宙的注视下的本能选择，他选择活下来。无论多么血淋淋和令人作呕（注意，这又是人的主观情绪），少年派可能就是代表了在远古的远古，在荒蛮之初，生命的选择。

而无论我们如何进化，这生命最初的使命，和生命运行的本质规则，都贯穿着我们。它们就是我们，我们就是它们；它们若死去，我们也将死去。

接下来又有另一个问题了：好了，我看清了真相，卸下了悲天悯人的思想负担，作为生命个体的我，是不是也可以不拘泥于善与恶的界限了呢？我仔细想了想，不全是这样的。这里涉及如何看待“善”与“恶”的问题。还记得我最开始写背景时提到过，我认为人类历史上“恶”和“愚昧”的势力要远远大于“善”和“理性”，看起来我们不像生活在人间，而是由恶魔控制的地狱。这样也曾让我觉得心灰意冷，让我讨厌人群。可是，坎贝尔发现了我的问题，我太容易把善与恶对立起来，而很多问题根本是超越善恶范畴的，比如我们刚刚说到的像蛇一样的食道，还有生命在大自然中的循环。

喜欢把善恶对立起来的人容易走入的死角是，以为自己掌握了善的真理，而其他都是恶。可是呢，善和恶恰恰是我们这个宇宙的两种基本力量，它们从来不单独出现，而是交织在任何一个生命个体里。也就是说，从更高的层次来看，没有善恶的分别，它们根本就是一体的。我们每个人都是善恶混合物，这两种力量在我们身上呈现出不同的质地，它们的比例也会随着境遇和刺激的变化而发生变化。它们有它们的准则和角逐，要说起来，我们都是这两种力量的棋子和奴隶，它们借由每一个生命来体现它们的波动与规律。

就我个人而言，哪怕我在义正词严地谴责那些不公平不正义的事时，我身上也带有猥琐、邪恶、阴暗、鄙俗等东西。看到外面的恶容易，然而恶是不可能被消灭的，包括自身的恶。只能说人的自省是个好品质，可以稍微在两种力量的较量中找到内心认可的那个道德点。可人的理性本就是脆弱不堪的，哪能经得住这些力量如海啸般地侵虐。比如希特勒，就是恶的典型载体。每个人同时都是善和恶的载体，只是不知道这力量的转变，都会发生在哪些不能被肉眼瞧见的瞬间。（顺便插句话，所以美国的三权分立制度，就是由聪明人设计的，他们不相信有纯粹的好人，所以由制度来约束人性。当然，鉴于基本力量的不可灭绝，每个人仍然会利用这个制度的漏洞来谋私利。）

关于生命的残忍，我要暂时止住了。我问自己，我还悲观吗？当然，我还是比大多数人要悲观。可我真的好了许多，也恢复了一些行动力。我的药不是美图秀秀，而恰恰是赤裸裸的真实。如果说生命就是一幅血腥的、灰蒙蒙的、压抑的、群魔乱舞的画，你指着它跟我说那就是麦兜最喜欢的马尔代夫：蓝天白云，椰林树影，水清沙白，坐落于印度洋的世外桃源，七彩缤纷的珊瑚，目不暇接的热带鱼群……对不起，我的视力还真挺好的，没那么容易被骗。

但是……

但是，恰恰是我在直视这一幅血腥的、灰蒙蒙的、压抑的、群魔乱舞的画而不躲避的时候，我看到了一点点其他的东西：若隐若现的一丝金色阳光，不起眼儿的一朵小蓝花，遥远的一瞥温柔的目光。

哪怕我们所在的这个世界（天堂也好，人间也好，地狱也好，随便怎么定义），力量真的非常不均——有八分恶，只有两分善，可是你看，亿万年下来，恶也没彻底消灭善，丑也没彻底消灭美，即使在最黑暗的历史阶段，也有人在向往着光亮，而且还有我这样的人贪图更多的善和美。这就是一种证据。生命将会永远如此的残酷，不会更好，不会改变，可也值得在残酷里找点其他的，狠狠去欣赏或拥有——感恩也好，狂喜也好，经历各种痛苦才得到也好，七情六欲各种滋味都尝遍也好——然后放手。因为失去是必然——在人生这段旅途中，我们终将失去一切。可只要我们有过一些幸福和自由的时刻，哪怕我们死了，也不是什么也没存在过。我现在坚信这一点。

迟早我们会遇到死亡。死亡过后，还会有其他的吗？

四、关于死亡与存在

死亡，太难写了，却又不得不写。它是所有有关如何活着的思考里绕不过去的命题。当你在翻山越岭前往彼岸时，死亡在此岸的路上与你沉默平行。

但没有人有资格写死亡，一切活着的人都不知道死亡的真正意义；而一切死去的人，都不能再和我们交流。据说有些灵媒能让死去的人将灵魂依附于他们身上，但至少我还没有见证过。即便是在梦里梦见死去的人，那也更像是我们的意识创造了他们，而不是他们走进了我们的梦里。

我们对活着了解那么多，了解如何做30种不同的豆腐，了解秦始皇和奥巴马之间的不同之处，了解怎么回复邮件让老板更开心，了解必须让孩子知道百善孝为先才能有养老保障，了解板蓝根是一种神奇的良药，了解大黄鸭漏气并不是被烫伤了……我们活着，会了解到十万、百万件小事和大事，但它们所有的重量，和一件我们完全不了解的事的重量是一样的，那就是死亡。

如果生与死是一个硬币的两面，一个最智慧的人也许能了解到有关“生”的万分之一，但他对另一面的“死”仍然一无所知。正是这种几乎是完完全全的不可知性，让死亡变得尤其恐怖和恶心。死亡成了一个魔咒，最好避而不谈；否则，只要你一开口说它，就可能解开了潘多拉的密码，把藏在里面的妖魔放了出来——它吞噬的，将是你生而为人的理智，让你堕入癫狂。

所以，孔老夫子从来不谈死亡。他说，活都没活够呢，去说死干吗？！他建立的儒家伦理体系，将如何活的方法细化到了在主子面前该怎么跳舞，不能唱什么歌，确实属于活得津津有味、爱好制定规则的集大成者。他要是知道后面的两千多年，几百代人都恭恭敬敬地按照他的活法儿活，大概也会错愕到做噩梦吧，这种噩梦就是：自己原来活了快三千年还没死呢，而且一直重复那七十年哪。

不谈死亡，却恰恰是儒家理论里最大的缺陷。一个对死亡如此避讳和恐惧，甚至能假装死亡完全不存在的文化，只能将活着的技巧发挥到极致了。为了活着，可以无所不用其极；只要活着，就是最大的胜利。从某种程度上来说，这种文化的特点是，只相信看得见、摸得着、吃得进去的东西，不相信肉眼看不见的东西，不相信在活着和活好之外，还有另一些东西是值得去占据时间和脑力的。

然而，我却慢慢摸索到，正因为死亡是生而为人最大的恐惧和未知，对死亡有恰当的接触与熟悉，才是“生而自由”

的最大前提。我以为，硬币的这一面，是由另一面支撑和衬托出来的，唯有如此，它才足够坚实和明晰；否则，就是一摊烂泥般的浑浑噩噩，就是无边、无涯、无底线的无间道。

我想写死亡，是因为我思考它太久了。关于死亡，我与其去各种书里寻找别人对它的解读，还不如写下我与它的正面相逢和较量。

我想说说这些年来，死亡对我的诱惑——明确地说，不是诱惑我去死，而是诱惑我去想它。我相信它发生在许多人身上，这肯定不会是我的特殊体验。最早的一次发生在我的童年时期，有一天我突然想到：人死后会怎么样呢？那时我是一个学习优秀、尊师重道、崇尚科学的孩子，有着小红卫兵一样的正气凛然，骨子里是不信鬼怪的。我不信人死了还能变成鬼出现在我的面前，身体死亡，就是一切的终结，什么也没有了；灵魂是蜡烛上的火花，作为身体的蜡烛燃完了，火花也就彻底灭了，进入永久的黑暗与死寂。我是这么认为的。

可是，这个“什么也没有了”的概念却难倒我了。我用尽我的脑细胞飞快地运转，也想不透那是什么东西。后来我翻看了一些哲学入门的小书，才知道了这个叫“nothing”的东西也绊倒过很多人呢——Nothing comes from nothing——

没有什么是从虚无中来的。我的逻辑很烂，看《逻辑学讲义》有如蚂蚁认字，也完全不像那些数学家和物理学家，洞察得了世界运行的规律和模型。可是，我只是光想象一下“什么都没有”，都觉得这是件不太可能的事。

“我”的这个意识凭空消失是一件难以理解的事，尽管看起来，“我”是凭空而来的。的确，在人类纪元的九千八百七十天之前，这个世界还没有一个我这样的人，我和任何一个婴儿一样，就像一颗从天而降的小行星，从渺茫无垠的夜空里，从一个无知无边的“无”之中，出现了，掉落在了这里。

对于我的父母，我的家人，还有我婴儿时的那栋老房子，甚至老房子屋檐下那对筑巢了一年的小鸟夫妻来说，我都是一个新的、以前没有的、突然出现的事物。就在一千零一百四十五天之前，我甚至还没有变成受精卵，我是风，是空气，甚至连风和空气都不是，是彻底的虚无。在这之前，对一切的人和物来说，我都是不存在的。我从“无”突然就变成了“有”。不，这样说不准确，我是由一个男人和一个女人的细胞融合而成的，在这之前，这两个细胞已经存活于这两个人身上，或者一直在新陈代谢着，就等着恰当的时候，机缘巧合之时，创造出一个新的生命来。

唯物一点来说，我早就存在于这两个人身上，再往前推，早就存在于千万年来不绝于缕的祖先身上。哪怕这种联系比一根发丝的亿万分之一还要细弱，但也是存在着的。真的要追溯起来，我不是凭空产生的。从我最早的祖先存在时，我就是他们的必然结果了，我顽强地生存了下来，穿越了野兽的偷袭、仇敌的暗算、战争的炮火、疾病的肆虐，沿着他们的血脉支流，结了一个新的节点。

是的，唯物一点来说，我是早存在于生命的开端了，不管如何变异，如何遥远，都是有迹可循、实实在在的。

可是，如果再固执一点，一直要往前推呢？第一个存在是怎么来的呢？从地球到太阳系，到银河系，到整个宇宙，再到宇宙之外的宇宙，它们是一直存在的吗？可怎么可能有东西是一直存在的呢？在我们所有的理解里，一切都是有个“开端”的。那“开端”的之前又是什么呢？开端的之前又有个东西，有什么东西是可以凭空产生的呢？你能想象这一切是从“无”里生出来的吗？“无”到底是个什么东西呢？它简直已经超越了我们的感官和智力范畴，是我们不可理解的东西。

我有段时间对物理学的新研究很感兴趣，主要就是集中在宇宙的生成理论上，我觉得自己才疏学浅，肯定是因为掌握的知识太少了，所以还没能足够理解宇宙的诞生。可我翻了《时间简史》，以及国外网站上最新的物理学研究（国外主流刊物常常有最新的科学研究介绍，能激发普通人的求知欲，相比起来，我们这儿的科普做得太差了，求知变成一件苦大仇深的事），尽管总有新的发现和拓展，比如发现了A，又发现了A是由B生成的，接着又发现了B是由C生成的，但仍然没有人回答，the begin of the begin——在最初的最初，最初的那个东西是怎么来的？

值得欣慰的是，《时间简史》据说在全球卖了1000万册，堪称人类最畅销的书之一，所以，尽管看似我想得很多，但我不是唯一那个追求自己来源的人；相反，有很多人都忍不住要问这个问题。

我不是一个古怪的人，这点对我来说很重要。人一方面想要特立独行，但另一方面，也恐惧自己的不正常。我们需要参照物，需要同伴来确定自己思维的边界；否则，那种恐惧就如飘在宇宙里的一块太空垃圾，那种彻底的无边无际、毫无依附和着落点，会把人类脆弱的神经彻底拉断。

我们就像《楚门的世界》里那个快乐又忧愁的小伙子，总觉得是有什么力量把我们装进了这个正常又奇异的世界里，我们总有一种渴望，想去掀开这个盒子。我们做了很多努力，不过看来，我们并没有真正掀开过。

在爱中成长

《只有时间不会撒谎》

《不可慢待的孤独》

《生育对话录》

《我们最后能拥有的》

宋涵